江西理工大学清江学术文库出版基金资助出版

矿山或有环境负债治理 PPP 模式研究

Research on the Governance of the PPP Model of Mine Contingent Environmental Liabilities

刘亦晴　梁雁茹　许春冬　著

電子工業出版社
Publishing House of Electronics Industry
北京 · BEIJING

内容简介

本书主要探讨如何应用PPP模式进行矿山或有环境负债治理。全书共9章，第1章介绍应用PPP模式的技术；第2章介绍或有环境负债、PPP模式等理论；第3章梳理矿山废弃地生态修复现状，提出矿山废弃地修复价值路径；第4章梳理环保PPP项目现状，分析了矿山或有环境负债治理应用PPP模式的可行性；第5、6章构建了矿山或有环境负债治理PPP模式博弈模型，对矿山或有环境负债治理PPP项目分别进行两方演化、三方演化仿真分析，探讨不同随机干扰因素如何影响利益相关者的演化策略和合作机制；第7章对废弃稀土矿山管护治理项目进行了案例应用研究；第8章对将PPP模式应用到矿山或有环境负债治理项目提出建议；第9章给出研究结论与展望。

本书适合作为高等院校矿业工程、应用经济学等专业的教材或教学参考书，也可供有关教师和科技人员阅读。

图书在版编目（CIP）数据

矿山或有环境负债治理PPP模式研究 / 刘亦晴，梁雁茹，许春冬著. —北京：电子工业出版社，2021.12

ISBN 978-7-121-42613-1

Ⅰ. ①矿… Ⅱ. ①刘… ②梁… ③许… Ⅲ. ①政府投资－合作－社会资本－应用－矿山环境－环境治理－研究 Ⅳ. ①X322.2

中国版本图书馆CIP数据核字（2022）第016679号

责任编辑：张小乐　　特约编辑：邢彤彤

印　　刷：北京捷迅佳彩印刷有限公司

装　　订：北京捷迅佳彩印刷有限公司

出版发行：电子工业出版社

北京市海淀区万寿路173信箱　　邮编：100036

开　　本：720×1 000　1/16　印张：11　字数：204千字

版　　次：2021年12月第1版

印　　次：2021年12月第1次印刷

定　　价：50.00元

凡所购买电子工业出版社图书有缺损问题，请向购买书店调换。若书店售缺，请与本社发行部联系，联系及邮购电话：（010）88254888，88258888。

质量投诉请发邮件至zlts@phei.com.cn，盗版侵权举报请发邮件至dbqq@phei.com.cn。

本书咨询联系方式：（010）88254462，zhxl@phei.com.cn。

前　言

党的“十八大”将生态文明建设纳入“五位一体”中国特色社会主义总体布局。我国经济发展进入新常态，绿色发展方式已经成为企业高质量发展新的“加速器”。在国际和国内结构调整的双重背景下，我国经济从增长速度、经济结构、主要驱动力等方面进行发展方式全面转变。在“创新、协调、绿色、开放、共享”的新理念下，为改变我国“资源环境约束”的严重态势，资源集约、环境友好的绿色发展成为重要战略。

在我国数十年的工业化进程中，环境污染和生态破坏严重。由于历史原因，我国存在大量遭到生态破坏的无主废弃矿山，矿山资源地环境负债沉重，治理需要几代人的时间。2014 年，国务院印发《关于加强地方政府性债务管理的意见》，结束了地方政府传统的融资平台和融资模式，地方政府面临着财政紧缺和负债的双重压力。如何界定这些矿山历史遗留污染问题？如何提高污染治理的效率？怎样解决资金不足的问题？在这些复杂问题面前，政府需要寻找新的模式应对环境治理的需要。探索将 PPP 模式引入矿山或有环境负债治理具有积极的理论和实践价值。

为此，本研究在相关文献的基础上，在使用基于 Java 的文献计量工具 Citespace 对相关领域文献进行可视化分析后，分析研究环境治理领域的重心及相应发展趋势。对或有环境负债、环境治理、PPP 模式下的矿山生态修复等做了文献概要分析，在此基础上研究认为：或有环境负债可以界定为在环境损害和生态破坏方面没有责任主体或责任主体不明确，最终需由政府兜底的隐性债务或发生的未来成本。

矿山废弃地是矿山或有环境负债典型体现之一。通过梳理国家历年来矿山生态修复相关的文献发现，矿山生态修复经历了以开发为主、土地复垦、进行地质灾害治理、地质环境责任认定、多元化治理等阶段。通过梳理矿山废弃地生态修复进展程度，在借鉴国内外矿山废弃地的治理经验的基础上，研究提炼出矿山废弃地治理的价值路径，即通过治理矿山废弃地将环境负债转化为可以利用的有价值资源，最后通过市场交易提升为资产或者资本，践行习近平总书记提出的“绿水青山就是金山银山”的理念。

通过梳理我国生态环保 PPP 项目的应用规模，以及生态环保 PPP 模式主要运作方式、运行特点，总结生态环保 PPP 项目应用经验和存在的问题，研究具体分析了生态环保 PPP 项目四种典型的治理项目商业模式，为矿山或有环境负债治理PPP 模式的构建提供借鉴。然后运用 SWOT 分析法对矿山或有环境负债治理应用PPP 模式的优势（Strength）、劣势（Weakness）、机会（Opportunity）和威胁（Threats）进行具体分析，并提出将 PPP 模式应用到矿山或有环境负债治理项目在模式选择、回报机制设计、法规制定等方面存在问题。

根据米切尔维度，从契约紧密性、参与程度、影响关联度、风险承担、利益获得五个维度进行划分，矿山或有环境负债治理 PPP 项目的利益相关者可以分为核心利益相关者（政府、社会资本、公众）、重要利益相关者（金融机构）、一般利益相关者（环境修复运营商、环境治理设备、能源供应商、保险公司等）和边缘利益相关者（学者、科技人员、人类后代、管理咨询公司、纳税人、媒体等）。通过分析核心利益相关者涉及的政府、社会资本和公众三个群体的主要利益诉求和职责行为，可以探讨三个群体之间的演化博弈行为关系和利益均衡问题。

本书采用演化博弈、系统仿真相结合的方法，对矿山或有环境负债治理 PPP 项目的核心利益相关者分别进行两方相关者演化、三方相关者演化。当进行政府和社会资本两方相关者演化博弈时，先对博弈相关者的博弈行动和博弈支付参数进行界定，对政府、社会资本的博弈行为的动态演变及稳定性、合作机制演化稳定性分别进行分析。然后采用 MATLAB 仿真分析方法对两方相关者间决策演化路径、合作机制、演化均衡等模拟仿真。结果表明：选择策略值、机会成本、机会主义收益、政府惩罚度、监管成本、政府额外收益等随机干扰因素影响两方相关者的策略演化和合作机制。

当进行政府、社会资本和公众三方相关者演化博弈时，运用系统思维构建矿山或有环境负债治理 PPP 项目公众、政府、社会资本三方演化博弈模型，界定三者博弈行动和博弈支付参数，分析三者之间的博弈行为的动态演变及稳定性、合作机制演化稳定性和稳定均衡演化策略；构建三方监管的系统动力学模型，运用计算机仿真模拟，分析初始状态仿真、政府积极监管成本、政府对社会资本积极合作补贴、公众举报机会主义行为直接收益、公众举报成本等不同变量变动对相关者协同演化的影响。结果表明：公众参与监督是保证矿山或有环境负债治理 PPP 项目得到有效监管的条件；监管成本过高会降低政府监管积极性，刺激社会资本投机意识的产生，危害公众利益；公众举报机会主义行为与直接收益、举报成本成线性变化关系。

为了将理论和模型加以应用，研究选取定南县废弃稀土矿山管护治理项目作为应用案例，采用生态环境成本核算方法对定南县废弃稀土矿山管护治理项目进行了修复成本核算，并对经济效益、社会效益、代际效益进行评估。从 PPP 模式选择、项目交易结构、社会资本选择、风险分配、社会资本退出机制等方面进行设计，为矿山或有环境负债治理 PPP 模式提供实践可能性参考。

在理论、方法和案例分析的基础上，研究从总体框架设计、合理选择矿山或有环境负债治理 PPP 模式、PPP 项目适格的合作伙伴选择、PPP 项目合作机制设计、环境治理配套能力建设、协同公众力量利用“互联网+”实现矿山智慧治理等方面提出建议。

本书得到国家社科规划项目新常态下矿业“或有环境负债”PPP 模式治理机理研究（15BJY060），以及江西省重点研究基地项目（JD19042）、（JD21092）等项目资助。在项目开展过程中，得到赣州市发改委、矿业管理局、相关矿业企业的大力支持，还得到许多咨询专家的指导和帮助。

本书总体框架由刘亦晴审定，全书由刘亦晴、梁雁茹、许春冬、陈宬、唐杨、许雅琴编写。其中，第 1 章至第 3 章由刘亦晴、梁雁茹、许雅琴编写；第 4 章由程宬、唐杨编写；第 5 章至第 6 章由梁雁茹、许春冬编写；第 7 章至第 8 章由刘亦晴、梁雁茹编写；第 9 章由刘亦晴编写。全书由刘亦晴、梁雁茹统稿，陈思、董鑫烨、丁家玉进行书稿校对。

特别向组织、资助、支持和参与这一项目的单位、领导、专家和项目成员表示衷心感谢！

本书提出的“或有环境负债”“PPP 模式应用矿山废弃地治理”还是比较新的探索，尽管著者竭尽全力，但书中难免存在不当之处甚至一些需要商榷的地方，敬请读者批评指正。

著　者

2021 年 8 月

目　　录

第1章 绪　　论

1.1 研究背景和意义

1.1.1 研究背景

西方发达国家在200年的工业发展进程中，获取了巨大的社会财富，但同时在环境破坏方面也付出了沉重的代价，“边发展边治理”成为西方发展状态。中国70年的经济腾飞也伴随着巨大的环境约束，在数十年的工业化进程中，在向矿产资源索取的同时也付出了沉重的环境代价，环境污染和生态破坏严重，矿山资源地环境负债沉重，治理需要几代人的时间。作为中国经济发展基石的矿业，在经济新常态、生态文明战略双重背景之下，面临如何协调发展、绿色和社会责任的困境，探索一条资源安全、绿色生态、高质量发展的矿业新路径成为矿业发展的必然选择。

《中华人民共和国环境保护法》充分体现了“谁污染谁治理”的原则，要求相关责任人采用各种手段尽量减少新的环境污染。然而，近年来经媒体曝光的镉米、血铅等环境事件让历史遗留的污染问题曝光于公众视野。污染场地如果不能得到及时有效的恢复和治理，会造成恶劣的社会影响。2013年环保组织将中石油告上法庭；2014年石家庄市民状告环保局事件；2019年自然之友和福建绿家园诉讼4个非法占用林地开采矿石的开采人，要求134万元环境服务功能损失费赔偿……这些事件说明公众的环境焦虑越来越严重，对环境保护和治理的意识越发强烈，矿山历史遗留污染场地的治理问题变得越来越重要和紧迫。

目前我国经济下行压力较大，国家财政增速放缓，尤其是2020年受新冠肺炎疫情影响，世界经济整体衰退，但即便在这样的宏观环境下，国家仍然坚持生态文明建设不让步。在经济新常态背景下，政府坚持强化对绿色GDP考核，推进最严环境监管，坚持生态文明建设不动摇。但是在矿山领域，由于历史原因，存在大量遭到生态破坏的无主废弃矿山，还存在一批由于政策关停的矿山，这些关停矿山在企业退出前已完成所有权转移，由政府承担其治理责任。这些废弃矿山面临污染治理难度大、缺乏良好利润回报双重困难，导致政府财政资金供需矛盾严重。

世界银行高级经济学家白海娜认为，不是由法律或合同确认的负债，而是建立在公众期望的基础上需要政府财政兜底的隐性道义债务称为“或有负债”。本研究提出：在环境损害和生态破坏方面没有责任主体或责任主体不明确，最终需由政府兜底的隐性债务或发生的未来成本可被界定为或有环境负债。针对历史遗留污染治理，也就是或有环境负债的治理，尽管 2019 年国家出台了市场化推进矿山生态修复相关意见，但目前还处于探索过程中，欠缺相对完整、系统化解决方案，相关研究还比较少。2014 年，《关于加强地方政府性债务管理的意见》出台后，政府与社会资本合作的 PPP（Public-Private-Partnership）模式应运而生。通过梳理国家政策发现，历史遗留废弃矿山的治理、土地利用、市场化运作已被提到国家层面，国家明确了矿山废弃地复垦治理的具体方向，这与国家目前生态文明建设、绿色矿山转型、高质量发展的国家整体战略是契合的，也突显出国家在生态环境治理方面的决心。

然而引入 PPP 模式需要政府最后兜底的隐性债务或发生的未来成本是否可行？采用何种具体的 PPP 模式更加科学合理？PPP 模式应用有何机理？针对矿山或有环境负债治理引入 PPP 模式，值得政府和学术界高度重视。

1.1.2 研究意义

1. 加强对矿山或有环境负债的治理，是经济新常态下高质量发展和生态文明建设的必然要求。2013 年通过的《中共中央关于全面深化改革若干重大问题的决定》中指出，要“建立吸引社会资本投入生态环境保护的市场化机制，推行环境污染第三方治理”。在我国环境治理领域积极引入环保 PPP 模式，将环境污染治理由政府主导的模式转为社会主体共同治理、市场化运作模式已成为新的趋势。而矿业作为中国经济发展的重要产业之一，承受着严重的资源和环境约束，生态环境修复成为矿业可持续发展的重要条件。面对环境治理的巨大成本，赣州稀土陷入了借壳上市的死循环更是有力的例证。因此，加强对矿山或有环境负债的治理是目前中国经济发展的必然要求。

2. 加强对矿山或有环境负债的治理，迫使政府隐性债务显性化，提升政府债务风险管理意识。蔡昉等学者认为，导致我国环境恶化的表层原因是粗放型经济发展方式，实质在于“财政分权”制度下地方政府的行为。在以经济建设为中心的背景下，地方官员晋升与经济绩效挂钩，导致环境治理让位于经济增长。新常态下经济高质量发展和生态文明建设，为解决我国“资源环境约束”的严重态势，保障资源集约、环境友好的绿色矿业发展提供政策指引和发展路径，矿区生态环境修复也成为重要环节。强调或有环境负债概念，会促使政府加强对隐性负债的风险认识，强化风险管理意识，学习用市场观念转变职能、改革创新。加强对矿山或有环境负债的治理，可以使政府隐性债务显性化，提升政府的环境负债意识和危机感。

3．探索 PPP 模式在矿山或有环境负债治理方面的应用，通过复垦将废弃地从环境负债转化为可利用的建设用地，有利于解决矿山或有环境负债治理存在的资金难、治理动力不足、治理价值转化等痛点问题，也可以加强建设土地储备，为城镇化建设用地提供供给保障。现有 PPP 模式多应用在有稳定利润回报的项目，对于矿山环境污染微利/无利润的偏公益性项目研究和应用还比较欠缺。目前财政补贴、贴息是支持中低利润环保项目的重要手段，可地方政府财政负担太重、债务规模巨大，容易引发政府债务危机。自 2018 年以来，很多环保 PPP 项目被搁置、清库，很大原因在于废弃地治理的利益转化机制不明。2020 年 4 月，国家出台《中共中央国务院关于构建更加完善的要素市场化配置体制机制的意见》（以下简称《意见》），为经济下行、后疫情时代如何稳增长、保民生提供了政策指引。其中，推进土地要素市场化对矿山或有环境负债治理有重大意义。例如，《意见》补充了建设用地指标流转相关政策。原有政策适用范围受限、内容覆盖不够，且流转仅限于省内交换、对口辅助省份和深度贫困地区，实际操作效果打折。此次《意见》出台将激发沿海发达区域与中西部欠发达地区矿山或有环境负债协同治理市场动力，同时满足城市建设用地指标和矿区发展资金两方面的需求。还将打通矿山废弃地从引入社会资本治理——土地资源可利用——建设用地异地交换——实现治理收益、盘活地区发展资金全通道，推动矿山废弃地治理进入一个新的阶段。

1.2 研究思路和框架

第一，研究对 PPP 模式的内涵、利益相关者等相关理论和研究方法进行了介绍，包括演化博弈理论和系统动力学方法，将矿山或有环境负债治理 PPP 项目利益相关者进行划分，为将 PPP 模式引入矿山或有环境负债治理搭建理论框架。

第二，矿山废弃地是矿山或有环境负债的典型体现。研究界定了矿山废弃地定义，指明了其特点及影响。通过梳理国家历年来矿山生态修复相关的文献发现，矿山生态修复经历了开发为主、土地复垦、地质灾害治理、地质环境责任认定、多元化治理等阶段。通过整理矿山废弃地生态修复进展，借鉴国内外矿山废弃地的治理经验，提炼出矿山废弃地治理的价值路径。通过治理矿山废弃地，可以使其从环境负债转化为可利用资源，最后通过市场交易提升为资产或者资本。研究还对矿山废弃地生态环境成本核算方法进行介绍，为后续将PPP模式应用于矿山废弃地治理提供理论支撑。

第三，梳理我国生态环保PPP模式的应用规模、生态环保PPP项目主要运作方式、运行特点，总结生态环保PPP模式应用经验和存在的问题。分析了生态环保PPP项目典型的商业模式，为矿山或有环境负债治理PPP模式的构建提供借鉴。然后运用SWOT分析法对矿山或有环境负债治理应用PPP模式的优势（Strength）、劣势（Weakness）、机会（Opportunity）和威胁（Threats）进行具体分析。

第四，研究构建了矿山或有环境负债治理PPP模式的组织结构。根据米切尔维度，从契约紧密性、参与程度、影响关联度、风险承担、利益获得五个维度进行划分，将矿山或有环境负债治理PPP项目的利益相关者分为核心利益相关者（政府、社会资本、公众）、重要利益相关者（金融机构）、一般利益相关者（环境修复运营商、环境治理设备、能源供应商、保险公司等）和边缘利益相关者（学者、科技人员、人类后代、管理咨询公司、纳税人、媒体等）。分析核心利益相关者中的政府、社会资本和公众三个群体的主要利益诉求和职责行为，探讨三个群体之间的演化博弈行为关系和利益均衡问题。

第五，采用演化博弈、系统仿真相结合的方法，对矿山或有环境负债治理PPP项目的核心利益相关者分别进行两方主体演化、三方主体演化。对政府、社会资本的博弈行为的动态演变及稳定性、合作机制演化稳定性分别进行分析。然后采用MATLAB仿真分析方法对主体间决策演化路径、合作机制、演化均衡等模拟仿真。

第六，选取定南县废弃稀土矿山管护治理项目作为应用案例，基于治理项目，采用生态环境成本核算方法对定南县废弃稀土矿山管护治理项目进行了修复成本核算、应用效益（经济效益、社会效益、代际效应）分析。将PPP模式引入定南县废弃稀土矿山管护治理项目进行实际应用，从模式选择、项目交易结构、社会资本选择、风险分配、社会资本退出机制等方面进行设计，为矿山或有环境负债治理PPP模式的应用提供实践可能性参考。

最后，在定性和定量分析的基础上，研究针对矿山或有环境负债治理PPP模式，探讨构建"政府主导、政策扶持、社会参与、开发式治理、市场化运作"的矿山或有环境负债生态环境恢复和综合治理新模式。

综上，研究采取"问题提出-文献综述-理论分析-调研及数据采集-模型构建-定量定性分析-案例应用-应用对策"的研究框架，如图1-1所示。

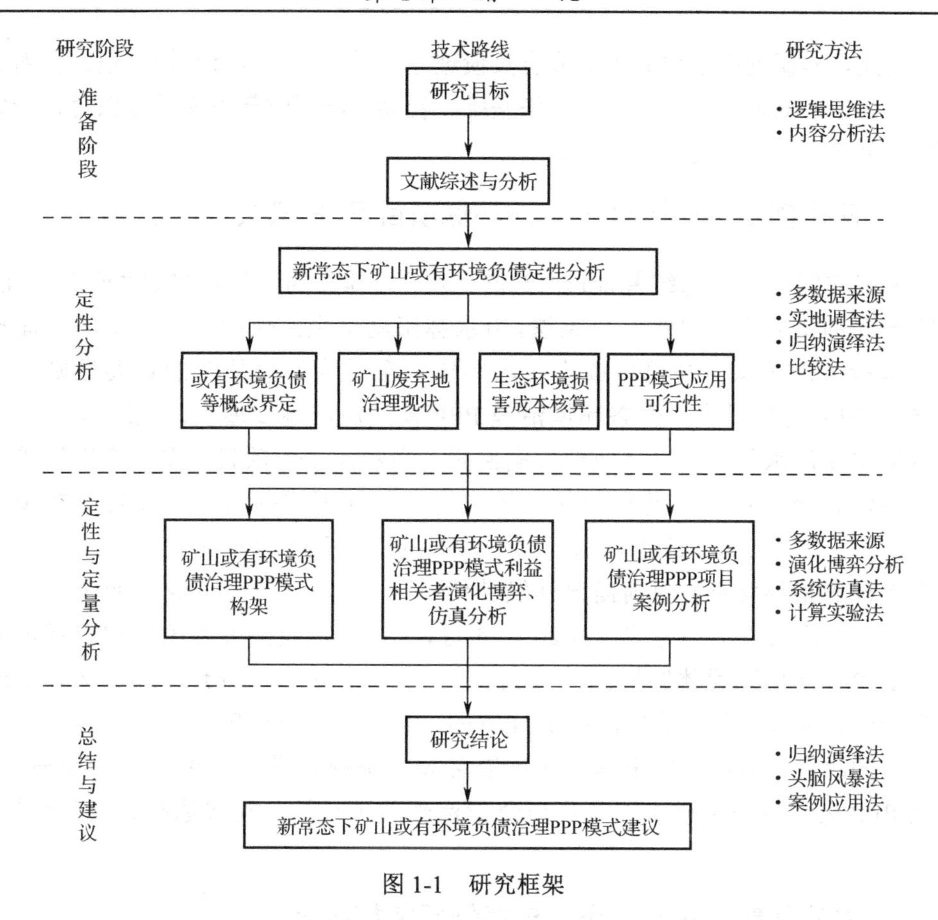

图 1-1 研究框架

1.3 研究创新

1.3.1 概念创新——丰富或有环境负债内涵

第一，目前文献主要界定“或有负债”“环境负债”，对于或有环境负债并没有明确的界定；第二，“或有负债”本身属于会计领域概念，“或有负债”+“环境”也多集中在讨论市场环境，较少涉及生态环境问题，且研究主体多为企业；第三，从政府视角研究“或有负债”主要包括政府在现有经济活动中的负债，或其他主体发生风险需由政府兜底的经济义务，如担保债务、社会保障基金支出缺口、粮食企业亏损挂账、下级财政财力缺口及债务负担、政府名义筹资亏空、公益性国有企事业单位的亏空、地方金融机构的不良资产及政策性投资公司呆坏账等，较少考虑环境治理隐性负债。

为此，本研究基于白海娜的或有负债理论，重新界定或有环境负债，并对或有环境负债的内涵、分类、存在经济基础、社会经济影响等方面进行探讨，一定程度上创新了或有环境负债研究范围。

1.3.2 应用创新——低利/无利润环保项目 PPP 模式应用研究

生态文明建设作为统筹推进“五位一体”总体布局和协调推进“四个全面”战略布局的重要内容已被写入宪法，山水林田湖草生态保护和修复工程全面推进，坚持生态环保优先已经成为我国制定各项重大发展战略的重要原则。自 2015 年 PPP 元年以来，生态环境治理 PPP 模式应用逐步增多，但现有 PPP 项目多集中在污水处理、垃圾处理等高回报、高利润工程项目，实践应用于矿山等低利润甚至无利润、没有责任主体或责任主体不明确的环保项目比较少。2016 年，原国土资源部等多部门共同发布的《关于加强矿山地质环境恢复和综合治理的指导意见》明确提出开发补偿机制，针对历史遗留环境问题，探索 PPP 模式、第三方治理方式。2020 年 4 月，《中共中央国务院关于构建更加完善的要素市场化配置体制机制的意见》出台。强化矿山废弃地资金引入、土地复垦价值认定和交换、治理回报等环节的具体操作，推动矿山废弃地治理进入一个新的阶段。为此，本书从矿山或有环境负债视角进行 PPP 模式应用研究，研究 PPP 模式应用于矿山或有环境负债治理的可行性、模式选择、交易结构、应用建议。

1.3.3 方法创新——实证研究与案例研究相结合

PPP 模式是研究热度较高的领域，因其具有适应性强、适用领域广的特征而受到较多学者的关注。相关研究内容涉及 PPP 模式的内涵、优势、应用范围、风险管理、项目投融资模式、特许经营等；在研究方法上有定性研究，也有定量研究。

基于现有文献，研究进行了方法创新，综合采用演化博弈、系统仿真、案例应用等方法对矿山或有环境负债治理 PPP 项目进行实证分析。构建矿山或有环境负债治理 PPP 模式，构建两方相关者演化博弈模型（政府和社会资本）、三方相关者演化博弈模型（政府、社会资本和公众），并采用 MATLAB 仿真分析法、系统动力学方法分别分析政府、社会资本、公众等群体在不同扰动因素影响下的博弈均衡点、对策稳定性，并采用仿真手段分析发展趋势，为矿山或有环境负债治理 PPP 项目设计提供量化分析依据。同时，研究还以定南县废弃稀土矿山管护治理项目为应用案例，对应用 PPP 模式进行具体模拟应用设计。

1.4 成果价值和效益

1.4.1 研究成果的学术价值和应用价值

在研究内容上，基于“或有负债”“环境负债”概念，研究重新界定或有环境负债概念，为学者们进一步研究或有环境负债提供了一个研究视角。

在研究过程中，研究采取“或有环境负债认知-PPP 项目建构-演化仿真-矿山或有环境负债治理 PPP 项目应用-建议和对策”的思路，围绕研究主体内容，进行深入研究。

1.4.2 成果的社会影响和效益

1. 研究成果服务地方经济发展

2015 年 11 月，原江西省副省长刘昌林视察赣州金融研究院时，研究团队进行了《PPP 模式下赣州绿色金融发展》专题介绍，较早介入了赣州市政府 PPP 项目。截至 2020 年 3 月，赣州市列入全国项目库的项目共 95 个，总投资 758 亿元，项目数量和投资额双居全省首位，全市有 10 个 PPP 项目入选国家示范项目（占江西省示范项目数的 53%）。研究成果《关于 PPP 模式下赣州绿色金融发展》报送赣州市政府金融办，《比较视角下江西生态文明试验区建设研究——基于福建、江西、贵州三个首批生态文明试验区的比较》报送江西省教育厅，为区域经济发展提供政策建议。

2. 研究成果应用于赣南矿山废弃地治理实践

研究团队组织了 3 个项目小组对赣州市稀土矿山开采、污染、治理状况进行调研；与赣州矿产资源管理局（现自然资源局）、赣州市山水林田湖生态保护中心、赣州有色金属研究所合作，积极参与寻乌废弃矿山治理、定南废弃矿山治理等项目。研究还对定南废弃矿山治理应用 PPP 模式的可行性进行深度分析，为矿山废弃地治理实践提供一定程度的理论层面的指导。

3. 同行交流提升社会影响力

研究团队依赖江西理工大学矿业发展基础研究基地平台，举办了“矿业供给侧结构性改革：传承与创新学术研讨会”1 次，团队负责人做“矿山环境治理 PPP 模式应用”主题报告。团队成员先后参加矿业、稀土等相关领域学术会议 5 次，与矿业专家、学者、行业代表充分交流，形成了一定的社会影响。

第2章　理论和方法概述

2.1　或有环境负债

2.1.1　或有环境负债界定

“或有负债”理论是20世纪90年代才兴起的一种新兴债务理论。世界银行高级经济学家白海娜在20世纪90年代提出了财政风险矩阵理论：从政府债务表露程度层面分为“显性负债”和“隐性负债”，从政府负债确定性角度分为“直接负债”和“间接负债”。

根据《企业会计准则》，或有负债是过去的交易或者事项形成的潜在义务，这种义务有可能发生，也有可能不发生。或有负债应符合以下条件：①由过去的交易或事项形成；②承担负债义务是潜在的也可能是实时的；③履行该义务不是很可能导致经济利益流出企业；④该义务的金额不能充分有依据地计量，其关系如图2-1所示。

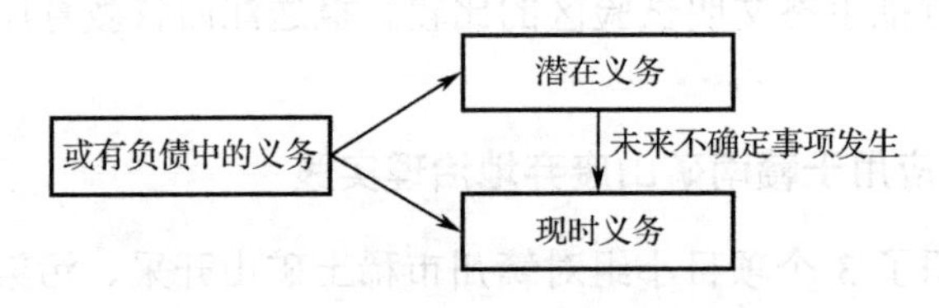

图2-1　或有负债中两类义务

环境负债为企业过去或现在的生产经营活动导致环境受到破坏和影响，从而使经济利益流出企业的现时义务。环境负债具有较强的可追溯性、连带性和不确定性等特点。美国环境保护署（EPA）认为环境负债是指企业由于违反了环境法规而可能承受的罚款、惩罚和监禁，以及企业必须缴纳的各种与环保事业有关的税费等。

基于或有负债理论、环境负债理论，研究引入“或有环境负债的”概念，试图从政府或有环境负债的内涵、分类、存在的经济基础和产生的社会经济影响等方面对其进行理论论述，力图对或有环境负债进行一些新的有益的理论探索，也为随后的实证分析和量化评估提供理论支持和指导。基于白海娜的研究，研究将或有环境负债界定为：针对环境损害和生态破坏方面没有责任主体或责任主体不明确，最终需由政府兜底的隐性债务或发生的未来成本。

2.1.2　或有环境负债的国内外研究现状

基于 CNKI 数据库，研究比较“Full Text”“Title”“Subject”“Keywords”“Abstract”的检索策略，经反复实验及测算，选择如下检索策略：“主题=或有负债+环境，期刊来源=全部期刊”，不做时间限定。同时，剔除与研究不相关的征稿启事、新闻稿等，最终共检索到 167 篇与该研究领域相关的文献。以这 167 篇有关文献为样本，利用 Citespace 关键词路径计算方法，将 Node Types 设置为“Keywords”，得到关键词共现网络分布图，如图 2-2 所示。在该图中，共现节点数量为 40 个，连线数量为 22 条，网络密度为 0.0282。节点和连线数量表明针对该领域的研究的成熟度，可见，“或有负债+环境”的相关研究相对集中。线条的粗细程度表明该关键词与其他相关词汇的关联强度，从关联关系可以看出，“或有负债+环境”的研究与“环境负债”“绿色会计”“环境会计”“固定资产投资”和“市场经济”等词语关联密切。或有负债本身属于会计领域的概念，在或有负债搜索结果中查找“环境”这一关键词可以看到，以往研究多集中在市场环境的讨论上，并未过多涉及生态环境问题。实际上，先前粗放式生产方式和重发展速度、轻发展质量的观念，导致很多环境问题暴露，成为企业发展的另类“或有负债”。

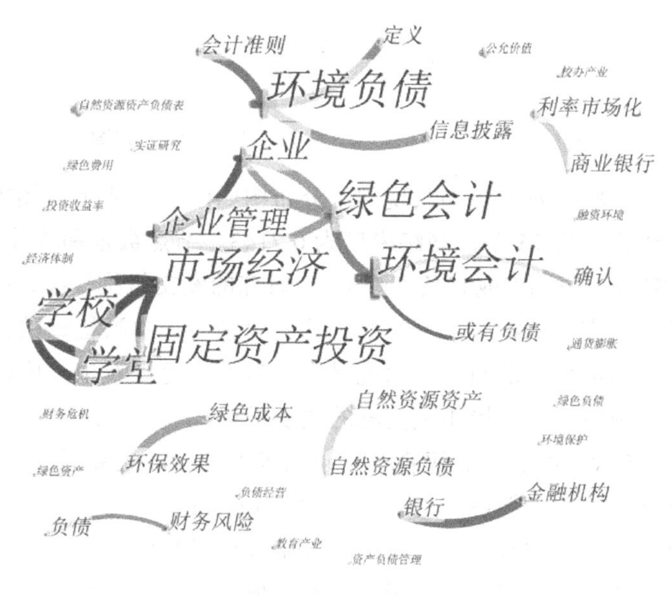

图 2-2 “或有负债+环境”关键词共现网络分布图

通过作者共现网络分布图，可以识别出一个学科或领域的核心作者及作者之间的合作强度和互引关系，从而对某一领域的研究程度进行深层次的探讨。国内“或有负债+环境”领域研究文献发文作者的共现网络分布图如图 2-3 所示。在该图中，共现节点数量为 10 个，连线数量为 24 条，网络密度为 0.5333，即在发文作者共现网络分布图中的节点数量和连线数量较少的情况下，图谱保持了较高的密度，说明该领域的相关研究主要集中在部分核心作者的研究上。由图谱光环大小和共现频次可知，许多专家学者对绿色矿山建设进行了深入的研究。根据普赖斯定律，发文数量为 2 或以上的作者为核心专家，（其中，发文数量=0.749×发文最多作者的论文数取根号=2）。该领域内核心专家为潘韬、孙兴华、封志明、江东、马国霞、杨艳昭、宋晓谕、闫慧敏、刘文新、丁小异。从图中的作者合作情况来看，研究该领域的作者之间存在较为密切的合作关系并形成了相应的研究合作团队，联系强度较大。

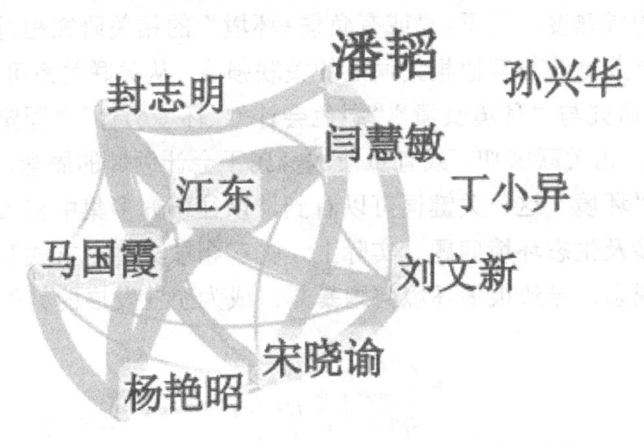

图 2-3 “或有负债+环境”作者共现网络分布图

“或有负债+环境”发文机构共现网络分布图如图 2-4 所示。图中共现节点数量为 7 个，连线数量为 15 条，网络密度为 0.7143。节点数量和连线数量都较小，网络密度相对较大，说明“或有负债+环境”研究的发文机构较少，但机构与机构之间的联系较为紧密，机构合作网络的结构相对紧凑。本次检索的主要是“或有负债”领域下与环境相关的研究，研究具有针对性。可以看出，中国科学院是研究“或有负债”领域下与环境相关问题的主要机构。

20 世纪 30 年代，凯恩斯、汉森、克莱因等人在经济大衰退后经过研究认为，政府负债可以对经济产生促进作用。David N. Hyman 认为地方政府可以通过举借长期债务来建设地方公共基础设施，享受基础设施带来的服务的居民及其后代应当分期偿还这部分债务。在国外关于“或有负债”的早期研究中，一些学者认为

“或有负债”是政府未来的财政成本，代表学者有赛兰特、拉迪、布鲁克、克扎诺斯基和罗伯特等。还有学者对政府债务赤字测量方法进行研究，如艾斯纳和皮普尔提出了测量政府净债务真实价值；布莱杰尔和切斯特提出了财政赤字分析的三维方法；伊斯特利、柯瑟蒂、毕赞提，以及艾肯鲍姆和雷贝洛等关注隐性债务的测量。白海娜在《政府或有负债：一个隐性的财政稳定风险》《财政调整与政府或有负债：捷克和马其顿的案例研究》《政府或有负债：对捷克共和国的财政威胁》等一系列文章中对政府或有负债问题进行了研究。

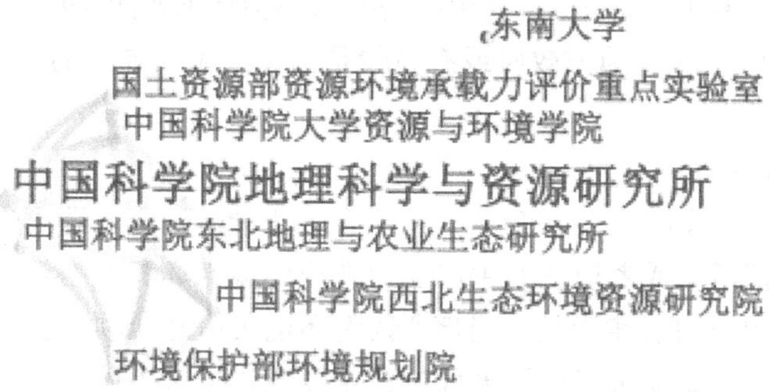

东南大学
国土资源部资源环境承载力评价重点实验室
中国科学院大学资源与环境学院
中国科学院地理科学与资源研究所
中国科学院东北地理与农业生态研究所
中国科学院西北生态环境资源研究院
环境保护部环境规划院

图 2-4　“或有负债+环境”发文机构共现网络分布图

白海娜于 1999 年提出了“财政风险矩阵”，并界定了显性和隐性债务，此后学者们主要研究政府或有负债的产生原因、存在领域及风险测量，以及或有负债风险防范等方面，并提出应加强有关或有负债信息披露、加强或有债务度量、建立担保基金或储备基金等建议。

国内针对或有环境负债的相关研究始于 1997 年的国内金融风险大讨论。樊纲[1]提出“国家综合负债率”的概念，最早将银行不良资产纳入政府综合债务考虑，阳志勇等[2]研究政府或有负债对财政风险的影响。研究团队在 Ebsco 数据库、中国知网、万方数据库、维普数据库等数据库中分别以“环境负债”“或有负债”“或有环境负债”为关键词进行搜索，检索到的相关文献情况如表 2-1 所示。

表 2-1　环境负债、或有负债和或有环境负债检索文献情况表

检索关键词	相关文献数量	主要研究内容	代 表 学 者
环境负债	近 10 年相关文献 1514 篇	环境负债计提、环境负债确认、环境负债评估与企业绩效研究等	周志方（2011）、肖序（2012）、许松涛（2012）、刘亦晴（2013）
或有负债	近 10 年相关文献 396 篇	主要从企业和政府角度进行研究，研究集中在或有负债的计量和确认、政府或有负债的产生原因、效应及风险研究等方面	安秀梅（2002）、刘尚希（2003）、马乃云（2008）、唐钰岚（2011）、王芳（2013）、孟卫军（2013）

续表

检索关键词	相关文献数量	主要研究内容	代表学者
或有环境负债	能检索到相关文献25篇	企业或有环境负债会计核算、政府或有环境负债计提的必要性等	王竹君(2008)、武子豪(2009)、陈玉萍（2012）

整体来看，国内研究集中在以下几个方面。

（1）或有负债

贾璐[3]指出，政府或有负债是政府作为社会管理者，出于社会道义而承担的相应善后责任；周亚荣等[4]根据《国际公共部门会计准则第19号——准备、或有负债与或有资产》，认为地方政府或有负债是由过去事项导致的一项可能义务，也可能是一项现时义务。

（2）环境负债

环境负债相关文献主要从企业视角出发。王燕祥[5]认为环境负债是经营主体过去的生产经营活动或者现在的生产经营造成环境破坏和生态污染，因此企业需要在未来承担相应的法律责任。肖序[6]认为环境负债是一项潜在义务，是由企业过去的生产经营活动损害了环境形成的，主要通过未来不确定结果的发生与否给予证实。

（3）或有环境负债

对政府而言，或有环境负债一般是指政府承担的、与环境因素有关的、已经发生的并且能以货币计量、以资产偿付的潜在义务。陈红等[7]将政府或有环境负债分为或有显性环境负债和或有隐性环境负债。其中，或有显性环境负债是指政府应该履行的，由于某一项特定事项发生所带来的法定的环境责任和义务，如环境诉讼；或者由于某些特定事项发生所带来的非法定性环境责任和义务，如由于自然灾害所导致的政府应承担的恢复生态的支出。

对企业而言，或有环境负债一般是指企业承担的与环境因素有关的（对环境造成影响和破坏的）一项潜在义务，且需要企业以资产和劳务偿付。周志方等[8]指出环境负债动因是环境风险，而企业在经济活动中，由于趋利的资本本性，再加上环境成本没有进入会计核算，因此大量的企业都存在以外部环境破坏换生产经营利益的现象。陈玉萍[9]认为环境负债与或有环境负债的区别在于金额确定与否，以及经济利益流出企业的时间，确定的为环境负债，不确定的为或有环境负债。陈邯[10]认为，或有环境负债满足三个条件：①企业承担的义务是潜在的义务或现时的义务；②企业履行该义务将会使企业的经济利益流出或者很有可能流出企业；③环境负债的金额是可以合理地计量和估计的。

矿山或有环境负债方面的研究比较少。陈晗等[11]结合环境经济理论对生态环境的损害水平进行了确认，并提出生态环境损害的规范核算框架，以对生态环境损害责任进行确认、计量并进行相应的账务处理和信息披露，建立采矿企业地质生态环境损害核算和信息披露的机制。

（4）或有环境负债计量

刘洁亮等[12]指出，依据导致或有环境负债的事项发生可能性大小来计量或有环境负债及相应的环境损失。陈邯[13]通过作业成本计算法（ABC）重新设计企业的成本计算系统，使其反映成本动因的影响，使得环境成本正确归集至相关的产品或流程。

陈晗等[11]从矿业企业视角认为，计量或有环境负债的主要依据是判断企业或有环境支出事项发生的可能性大小，如果生态环境破坏代价可以依据相关指标进行合理估计，且具备很大可能性发生环境负债，可以采用最佳估计予以确认；若不存在最佳估计数，则按最小估计数予以确认。

王竹君[14]从政府部门视角提出，在计提或有环境负债准备金时应该考虑时间风险，建议以现行成本计量提前进入项目核算，计量属性为现行成本、未来现金流出量贴现值。对于可预见性强的或有环境负债，进行分期计提准备金；对于可预见性弱的或有环境负债，从突发性环境事件占以往各发生年度财政支出比重为基础计算成本。

梳理相关文献发现，在关注度方面，环境负债、或有负债方面拥有较多的研究成果。但目前关于政府或有环境负债问题的研究还比较少，在目前最严环保监管背景下，再加上公众环境焦虑和环保意识同时加强，政府必须主动面对矿山开发历史遗留的或有环境负债问题，加强这方面的研究也成为必然。

从研究内容来看，研究基本集中在企业环境负债计提和确认、环境负债评估、环境绩效等方面；针对政府或有负债的概念内涵及类型区分、政府或有负债产生的根源、政府或有负债的经济效应、政府或有负债的风险管理理论与实践、政府或有负债预警系统等方面的研究成果也较多。

从政府或有负债内涵来看，已有文献主要涉及担保债务、社会保障基金支出缺口、粮食企业亏损挂账、下级财政财力缺口及债务负担、政府名义筹资亏空、公益性国有企事业单位的亏空、地方金融机构的不良资产及政策性投资公司呆坏账等研究，比较少涉及政府或有环境负债方面的研究。面对大量的矿山遗留或有环境负债，政府单一治理无法突破资金短缺、治理效率低下等治理困境，市场治理难以解决搭便车等行为。寻求公共治理保证多元治理主体、多元融资手段、多元利益协调就成为治理或有环境负债的新模式。因此，针对政府或有环境负债的研究能进一步丰富地方政府或有负债内涵。

2.1.3 或有环境负债的计量方法

由于或有环境负债发生在未来，具有不确定性且难以估计，陈邯[10]对或有环境负债的计量提出了五种计量方法，即直接市场法、替代市场法、调查评价法、政府认定法及法院裁决法，具体如图 2-5 所示。

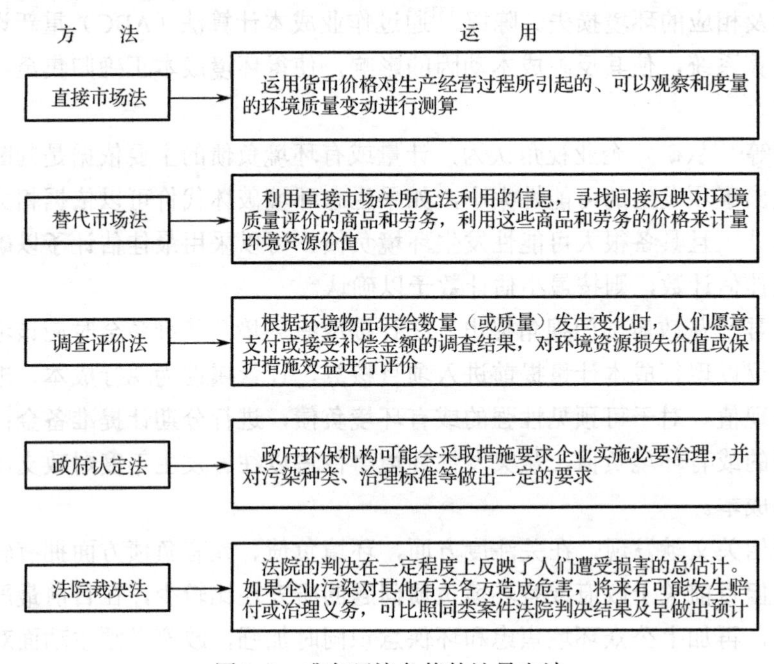

图 2-5 或有环境负债的计量方法

2.2 PPP 模式

PPP 模式在不同国家的应用与发展情况不同，针对 PPP 模式目前并没有完全统一的界定。研究通过整理相关文献，从官方对 PPP 的不同界定、学术界对 PPP 的不同解读，以及 PPP 模式国内外研究现状三方面着手分析。

2.2.1 官方对 PPP 的界定

综合多个官方组织对 PPP 概念的界定（见图 2-6），可以发现不同官方组织在界定 PPP 概念时都包含利益相关者（公/私双方）、参与目的（为实现公共利益）、合作关系（非某一方主导模式）、主体参与原则（优势互补、风险分担、利益共享）四大特征。据此提炼出 PPP 概念：为了实现在国计民生领域的共同利益，政府（官方，Public）和社会资本（社会方，Private）通过合作方式（Partnership）共同参与项目的运作、建设和经营，共同投资、共担风险。

联合国开发计划署

公共部门与私人部门为共同完成某个项目而产生的合作伙伴关系，私人部门提供投资，合作双方共同承担责任与风险，双方达到“双赢”结果。PPP模式包含租赁模式与特许经营权模式，不含管理和服务合同模式

中国财政部

PPP是政府和社会资本在基础设施和公共服务领域建立起的一种合作伙伴关系。由社会资本负责项目的设计、建设、运营、维护工作，获得“使用者付费”“可行性缺口补助”和“政府付费”。由政府部门负责监管PPP项目价格和质量，保证PPP项目社会利益最大化

欧盟委员会

PPP模式是公共部门和私人部门间的合作关系，目的是为了替代原来由公共部门提供的公共项目或服务

加拿大PPP 国家委员会

PPP是公共部门和私人部门间的合作经营关系，通过资源分配、风险分担和利益共享机制，以实现公共需求最优化配置

美国PPP国家委员会

PPP是为社会提供公共服务或公共产品的一种方式。介于私有化方式与外包式之间。私人部门为公共产品的建设进行投资、设计、建造、运营，并为公众提供更好的服务质量

香港效率促进组

PPP是一种协定，在此协定下公共部门和私人部门保有不同程度的参与度和责任度，通过各自提供专长、技能、经验，开发更好的公共服务内容或者公共产品

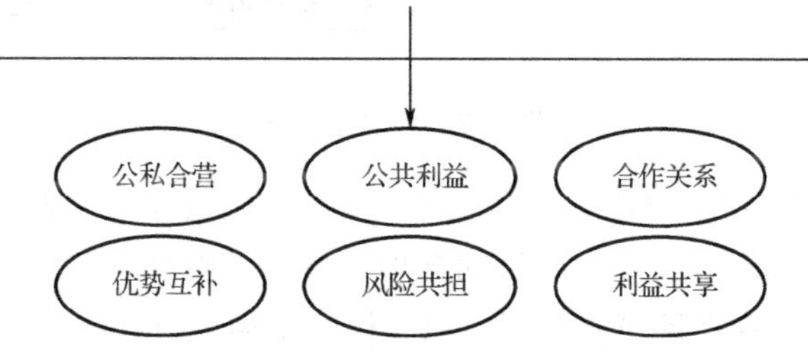

图 2-6　官方对 PPP 概念解释

2.2.2　学术界对 PPP 不同解读

学术界对于 PPP 概念的不同解读，可以分为广义和狭义（见图 2-7）两种。广义上，主要包含外包类（Outsourcing）、特许经营类（Concession）及私有化类（Privatization Class）。外包类的 PPP 项目主要由政府投资，社会资本只负责部分项目，预期收益为政府支付的工作费用，此模式下政府风险大。特许经营类的 PPP 项目会有社会资本参与投资，按合作契约承担风险、获得项目回报。社会资本可采取收取经营费、获得政府可行性缺口补助的方式实现预期利益，特许经营期满后项目资产移交给政府，政府与社会资本风险根据契约分配。私有化类的 PPP 项目由社会资本投资，项目所有权归属社会资本，政府仅为项目监管者，社会资本承担全部风险。具体分类如图 2-7 所示。

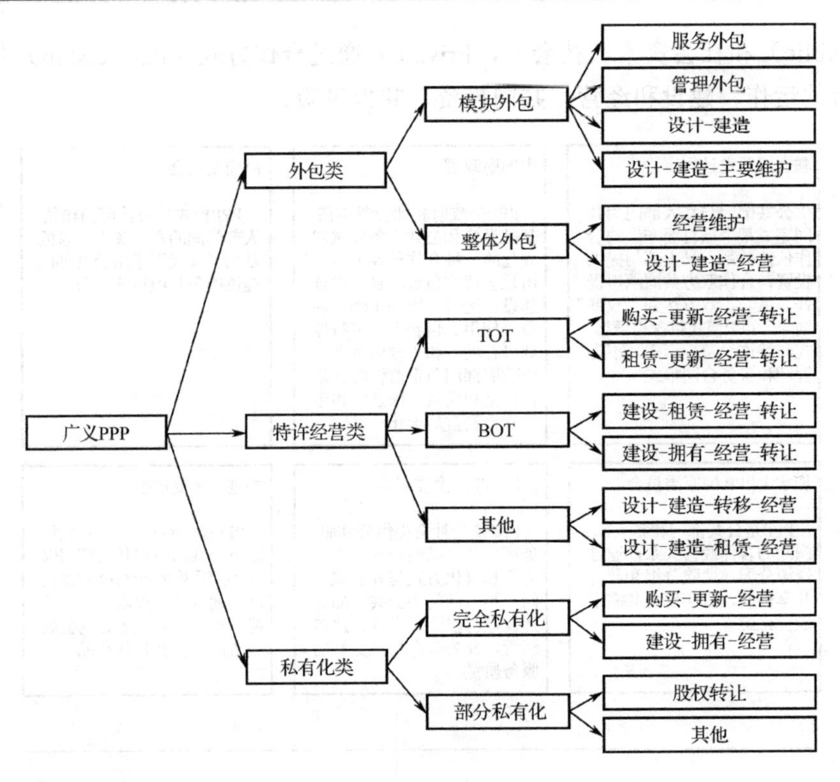

图 2-7　广义 PPP 分类

狭义层面上的PPP解读主要涉及过程参与、风险分担及利益共享这三方面。在过程参与方面，政府全面参与项目的立项、设计、融资、建设、经营等过程，尽量减少信息不对称。在风险分担方面，PPP模式采用风险共担方式，各利益相关者承担的风险类型各不相同。在利益共享方面，PPP模式采用利益相关者利益均衡方式，调动利益相关者的积极性，确保项目的顺利发展。具体分类如图2-8所示。

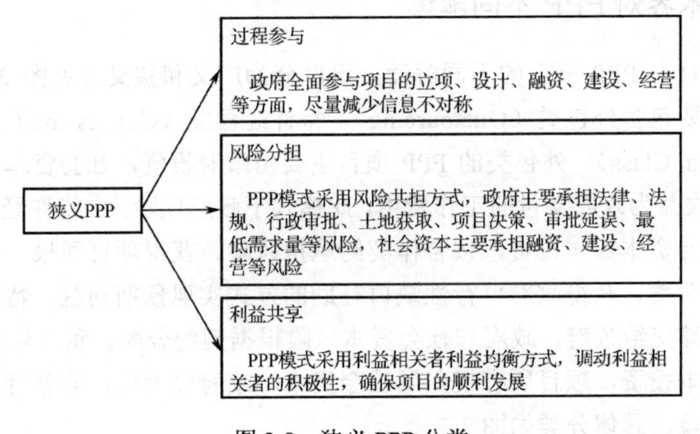

图 2-8　狭义 PPP 分类

2.2.3　PPP 模式国内外研究现状

基于 CNKI 数据库，研究比较“Full Text”“Title”“Subject”“Keywords”“Abstract”的检索策略，经反复实验及测算，选择如下检索策略：“主题=PPP 模式，期刊来源=全部期刊”，不做时间限定。同时，剔除与研究不相关的征稿启事、新闻稿等，最终共检索到 898 篇与该研究领域相关的文献。以这 898 篇有关文献为样本，利用 Citespace 关键词路径计算方法，将 Node Types 设置为“Keywords”，得到关键词共现网络分布图，如图 2-9 所示。在该图中，共现节点数量为 220 个，连线数量为 252 条，网络密度为 0.0105。节点和连线数量表明针对该领域的研究的成熟度，在本次检索中节点数量和连线数量都很大，说明 PPP 模式是个研究热度较高的领域，因其具有适应性强、适用领域广的特征受到较多学者的关注。线条的粗细程度表明该关键词与其他相关词汇的关联强度，从关联关系可以看出，PPP 模式的研究涉及面较广，且与美国、英国关系较为紧密，因为 PPP 模式在国外的发展较为成熟，国内对 PPP 模式在发达国家应用的研究会相对较多。针对 PPP 模式自身来说，有关 PPP 模式的风险研究、融资模式研究较多。

图 2-9 “PPP 模式”关键词共现网络分布图

国内有关 PPP 模式的研究文献发文作者的共现网络分布图如图 2-10 所示，图中共现节点数量为 92 个，连线数量为 52 条，网络密度为 0.0124，即在发文作者共现网络分布图中的节点数量和连线数量较高且图谱保持了较高的密度，说明该领域的相关研究主要集中在部分核心作者的研究上。由图谱光环大小和共现频次可知，许多专家学者对 PPP 模式进行了深入的研究，该领域内核心专家较为分散。根据网络的作者合作情况来看，该领域的研究者中，史东晓、张进锋、李晓慧、孟春和王景森之间存在较为密切的合作关系并形成了相应的研究合作团队，联系强度较大。其余学者之间的合作关系较弱，由此可见，PPP 模式领域的研究合作性不强。

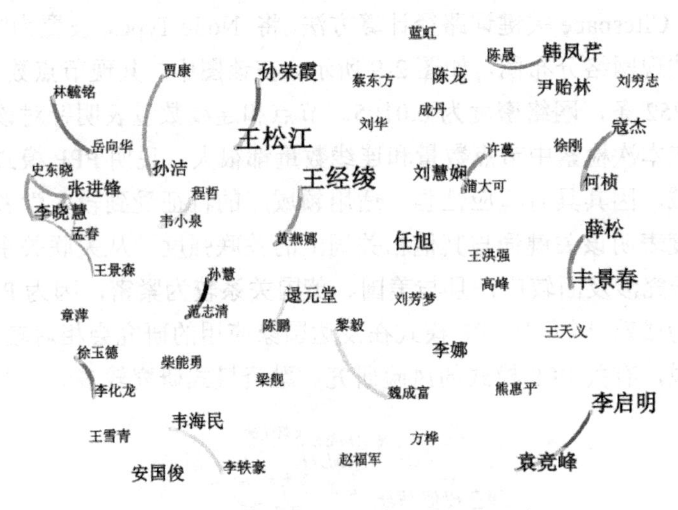

图 2-10 “PPP 模式”作者共现网络分布图

发文机构是指文献作者所在高等院校、科研院所、企业、政府部门等研究主体，发文机构共现网络图谱能呈现各个机构合作的紧密关系。“PPP 模式”发文机构共现网络分布图如图 2-11 所示，其中共现节点数量为 73 个，连线数量为 21 条，网络密度为 0.008。节点数量和连线数量都较小，网络密度相对较小，该研究领域研究机构较多，但机构与机构之间的联系并不紧密，机构合作网络的结构较为松散，其中中国财政科学研究院和北京交通大学经济管理学院两个研究机构与其他机构存在较为紧密的联系。原因主要在于研究主题较大，研究学者较多，研究方向较发散。

PPP 模式于 1992 年起源于英国，由当时的财政大臣克拉克率先提出。该模式的提出被视为是一种既可以提高基础设施建设效率，又可以缓解财政压力的全新模式[15]。联合国、世界银行、欧盟、亚洲开发银行等世界各大组织都积极推荐 PPP 模式，之后全球 60 多个国家都积极进行推广应用。公共事务融资机构（Public Works Financing，PWF）数据表明，1985—2011 年间，全球采用 PPP 模式建设项目的名义价值高达 7.751 千亿美元，其中，欧洲占比高达 45.6%，处于 PPP 模式应用领先地区；亚太地区（主要是亚洲、澳大利亚）占比 24.2%；北美地区

(加拿大和美国)占比 14.6%;南美地区(墨西哥、拉丁美洲、加勒比海)占比 11.4%;非洲和中东地区应用 PPP 模式相对较少，仅占世界的 4.1%，名义价值仅为 300 亿元左右。从先进国家 PPP 模式应用经验来看，PPP 模式在基础设施方面的应用最初集中在经济基础设施领域，包括交通运输、通信、电力等，之后逐步推广到社会基础设施领域，如医院、学校、住宅区、污水处理等。目前基本涵盖经济基础设施（如研究开发、技术转移、职业培训、囚犯改造）和社会基础设施（如社区服务、社会福利、安全保障、环境规划）在内的所有基础设施领域。

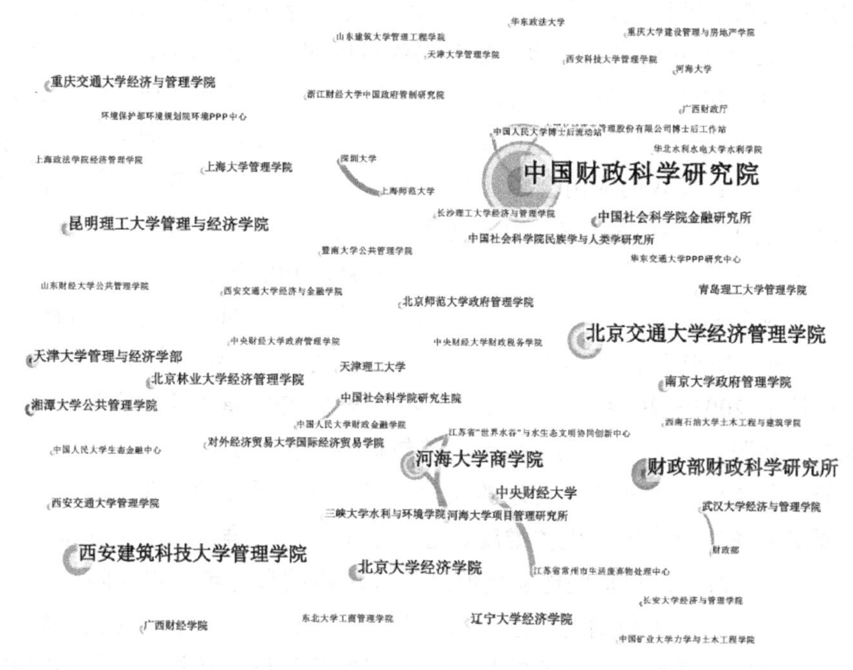

图 2-11 “PPP 模式”发文机构共现网络分布图

随着 PPP 模式应用范围的不断扩大，学术界对 PPP 模式的研究也愈发深入，从 PPP 模式的内涵、优势、应用范围，到风险管理、项目投融资模式、特许经营等方面均有涉及。

以往的研究较多都会涉及 PPP 模式的定义问题。虽然 PPP 模式的应用实践已经历史悠久，但是关于 PPP 模式的定义，无论是学术界还是各个国家均没有统一的意见。国内外各学者也给出了自己的见解。Garvin[16]认为，PPP 模式是一种公私双方建立在共赢的理念上的长期合同关系，其中私人部门承担的是财务风险及运营的职责。Klijin. E. H. 等[17]同样认为 PPP 模式是公私部门基于共同目标而建立的长期合作关系，双方需要各自提供相应的产品/服务，同时分担风险及成本，共享利润。Pongsiri[18]在前人的基础上，认为 PPP 模式是一种通过引入私人资本缓解财政压力，解决市场失灵的新手段。国外学者对 PPP 模式的定义基本都包含“合作”“私人部门参与”及“利益共享”三个特点。纵观国内研究文献，可以发现国内学者从更丰富的视角定义 PPP 模式。以杨卫华[19]、徐霞[20]、刘志[21]、王守清[22]等人为代表的多位学者都认为PPP模式可以被定义为一种基于公共利益目的的公私合作项目的融资模式，区别在于刘志、王守清等人认为从狭义的角度定义 PPP 模式为一种融资模式是合适的，但从广义的角度来说，PPP 模式是一种公私合作，是本着为公共服务的目标而产生的正式合作。

PPP 模式在基础设施建设领域流行是因为其独特的优势。具体来说，贾康[23]、陈志敏[24]等认为 PPP 模式对于地方政府来说可以缓解财政压力，对于项目本身来说可以提高质量和效率，同时还可以盘活社会资本。韩侣[25]在贾康等学者观点的基础上，提出该模式的应用对转变政府职能，提高对公众需求的关注度也有重要意义。同时，PPP 模式的应用会为社会资本创造更广阔的市场空间[26]。由此可以看出，PPP 模式具有缓解财政压力、提高公共服务效率和质量这两大优势，这一点是毋庸置疑的。也有学者采用计量的方法去验证 PPP 模式的效率问题，姚东旻等[27]对已有文献进行梳理，比照传统的模式，从成本、期限和质量的角度分析得出，并非在所有情形下 PPP 模式均是最有效的模式。唐祥来等[28]基于四阶段 DEA 方法，估计了 2005—2013 年间我国省际公共服务 PPP 模式的供给效率。研究表明，我国公共服务 PPP 模式供给效率均值较低且差异较大。

对于一个 PPP 项目来说，合理的风险分担是至关重要的。关于风险分担的研究，主要集中在三个维度：主体维度、过程维度、内容维度。从主体维度出发，Rutgers 等[29]认为应该与那些能够更好地管理风险的参与者分担风险。马强[30]认为项目业主应该承担可控制的风险，项目业主不可控制的风险则应由政府承担。从过程维度出发，学界主要讨论的是风险分担的整体框架及相对应的不同阶段。有维宝等[31]针对城轨 PPP 项目，利用 Delphi 方法识别项目执行过程中不同阶段的风险，从全生命周期视角绘制风险分担流程图，并基于满意度构建了参与主体风险分担指标体系，最后采用双基准法、灰色关联法构建城轨 PPP 项目的风险分担模型。从内容维度出发，研究 PPP 项目风险分担中的具体内容，主要包括风险分担的原则和方法。从风险分担的原则来看，学者观点各异。罗春晖[32]认为在风险分担的过程中理应遵循风险分担与控制力相对称、与项目收益相对称、与投资者参与程度相协调三个原则。刘新平等[33]则认为在项目中需要承担的风险应该与回报匹配并且要有一个上限。张水波等[34]认为并不存在绝对的原则，应该以基本原则为依据，综合考虑项目的实际情况及各参与方对待风险的态度。从风险分担的方法来看，不同类型的 PPP 项目及其涉及的行业的不同会导致其方法选取上的差异。还有一些学者针对风险分担开展研究，涉及风险主体界定、风险分配

（初步分配、具体比例分配两类）、风险再分担。关于风险分担的研究方法，大致分为两类，如表2-2所示。但目前的研究较多集中在风险分担定性分配，从定量视角研究风险分担具体比例、界定各参与方风险合理配置的均衡点的文献还比较少。

表2-2　风险分担的研究方法

内　容	方法分类	代表文献
风险分担	类比法	欧纯智以西班牙-法国跨境高铁PPP项目为例，从失败案例分析视角分析PPP模式在公共项目执行过程中的风险
	数学模型法	杨潇潇按照参与方涉及的因素划分了风险的类别，运用解释结构理论建立了PPP项目的影响因素模型，并将相应的风险因素划分成五个层次
风险分担比例确定		杨卫华利用合作博弈模型的纳什乘积函数映射得到风险分担的纳什谈判解，从而解出在均衡状态下需分担风险的比例
风险再分担		王建斌基于效用理论构建政府部门与社会资本方的PPP项目风险再分担模型，以生活垃圾焚烧发电项目为样本，验证该模型的可行性

对于一个项目来说，PPP项目影响因素是使其达到成功不可忽视的要点。国外关于PPP项目影响因素的研究通常从国别、主体比较视角出发进行研究。Robert等[35]从成功标准角度对加纳政府PPP项目和中国PPP项目进行比较，提出主要是风险管理、政府财政支出合理性及对公众需求的关注度等因素导致项目出现风险，影响国家PPP项目进度。Chou等[36]以印度尼西亚PPP项目为例研究项目的影响因素，并与中国、新加坡及英国三国进行比较研究。亓霞等[37]通过梳理PPP项目失败案例，从中选择16个典型项目，从具体案例中归纳整理PPP项目存在的主要风险及影响因素。王秀芹等[38]从全球PPP项目成功案例的研究视角出发，归纳总结出影响PPP项目成败的三个因素——政府、激励条款及环境、机构等外部条件。张红平等[39]则认为，完善的法律环境、提供的产品/服务的质量保障及市场稳定的需求是项目成功的重要因素。

PPP模式的优势在于其应用领域十分广泛，基本涵盖了包括硬经济基础设施领域、硬社会基础设施领域、软经济基础设施领域和软社会基础设施领域在内的所有基础设施领域。李艳丽[40]总结归纳了国外体育场馆建设PPP模式应用经验，给我国体育场馆建设PPP模式应用推广提供参考。张晓敏[41]、杨松[42]等研究了在公共文化设施领域中引入PPP模式的可行性。黄可权[43]、何平均[44]、阮晓东[45]等分析了PPP模式在农业领域的推广应用。王亚琪[46]根据“PPP+农村”的模式，联系实际提出“PPP+美丽乡村”“PPP+产业升级”“PPP+农业信息化”“PPP+绿色生态园”四种形式。周雪峰[47]、刘广平[48]、郝生跃[49]等探讨了PPP模式在我国保障房建设中的适用性。关于 PPP 模式应用中的税收问题，高萍等[50]结合实际案例总结了不同的 PPP 项目出资方式、组织形式和融资形式面临的纳税情形的区别。张春平[51]以 BOT 模式 PPP 项目全流程为例，结合财税政策总结了可能出现的问题并给出相应建议。

通过对文献的梳理发现，PPP 模式应用大多集中在有稳定利润回报的领域，PPP 模式的利益设计也比较明确。但在矿山或有环境负债治理领域，有几个痛点问题存在：第一，责任主体不明或者很难追责；第二，污染治理收益很低，甚至没有良好的利润回报；第三，污染治理周期长、资金投入规模大。针对此类微利甚至无利益的项目，如何兼顾治理效率和融资难题，在现有研究中还比较欠缺。因此，探索矿山或有环境负债治理 PPP 模式的应用有很好的学术价值和实践意义。

2.3 利益相关者理论

20 世纪 60 年代，Rowley 提出了利益相关者的概念。利益相关者的识别及分类方法，利益相关者的决策、行为、对组织的影响，以及利益相关者管理工具和方法几方面内容构成了利益相关者理论的理论框架和运用模式。本节主要介绍利益相关者的定义、划分及 PPP 项目利益相关者的确定。

2.3.1 利益相关者定义

1963 年，斯坦福研究院第一次提出“利益相关者”这一概念：若失去其支持，团体即难以延续下去的组织。此后，学者对利益相关者的定义不断拓展，代表性概念表述如表 2-3 所示。

表 2-3 利益相关者代表性概念表述

主要研究者	概 念 界 定
SRI（1963）	对于某一组织来说必不可少的某一个体/群体
Rhenman（1964）	对于某一组织来说存在依存关系的某一个体/群体
Ansoff（1965）	在某一组织中，拥有请求权等重要权利的某一个体/群体
Freeman，Reed（1983）	能对某一组织产生影响的某一个体/群体 能被某一组织影响其行为的某一个体/群体
Freeman，Evan（1990）	和某一组织存在稳定关系（如契约关系）的某一个体/群体
Clarkson（1994）	为组织直接贡献投入并为其行为承担风险的某一个体/群体

基于以上相关研究，Mitchell 于 1997 年将利益相关者从广义、狭义两个角度进行了界定。

Freeman 在其著作《战略管理：利益相关者方法》一书中提出，利益相关者是指这样一个个体或组织，要么影响组织目标实现，要么因组织目标对个体或集体产生制约效果[52]。Clarkson 则从狭义层面界定利益相关者，提出利益相关者在组织生产过程中投入了资本，参与组织生产经营活动，并在过程中分担了一定程度的风险[53]。后来，利益相关者理论迅速扩展到环境科学、水资源、生态、公共管理、社会治理等交叉学科的应用领域，尤其是在可持续发展、生态环境治理的研究领域十分盛行。

在 20 世纪 90 年代，国内对利益相关者研究增多，其中陈宏辉、贾生华提出了具有代表性的定义：利益相关者是指与组织投融资、生产经营、风险分担等环节都有关联的集体和个人。这一概念从关联角度出发，突出强调利益相关者在资金投入、风险承担过程中影响。

2.3.2　利益相关者的划分理论

目前，利益相关者的分类方法主要包括多维细分法和米切尔分类法。多维细分法主要由 Freeman、Frederick、Charkham、Clarkson 及 Wheeler 等人提出。米切尔从合法性、紧迫性、权利性三个维度进行区分，认为同时具备三项属性的属于确定型利益相关者；拥有其中两项属性的属于关键型、从属型或危险型利益相关者；拥有一种属性的属于蛰伏型、或有型或要求型利益相关者。

（1）多维细分法

按照不同划分依据，可以对不同的利益相关者进行评级划分。Freeman 将利益相关者划分为所有权、经济依赖性及社会利益相关者三个不同的类型。Frederick 按照直接/间接发生市场交易关系将利益相关者划分为直接/间接利益相关者两类。Charkham 的划分同样基于交易关系，但其不同之处在于他将分类依据聚焦在交易性合同上，将利益相关者划分为契约型和公众型。Clarkson 则按照各主体承担的风险类型的差异，将利益相关者划分为自愿型和非自愿型。随后，Clarkson 又按照各主体与项目关联的紧密度区分了首要利益相关者和次要利益相关者。Wheeler 按照社会影响关联性区分了社会性和非社会性利益相关者，并细化首要和次要两个类别。

（2）米切尔分类法

米切尔一方面提出了从两个关键点识别利益相关者，另一方面提出利益相关者定量分析方法，并从个人或集体合法性、权利性和紧迫性三个维度确定利益相关者类型[54]。米切尔分类法及利益相关者类型如图 2-12 所示。

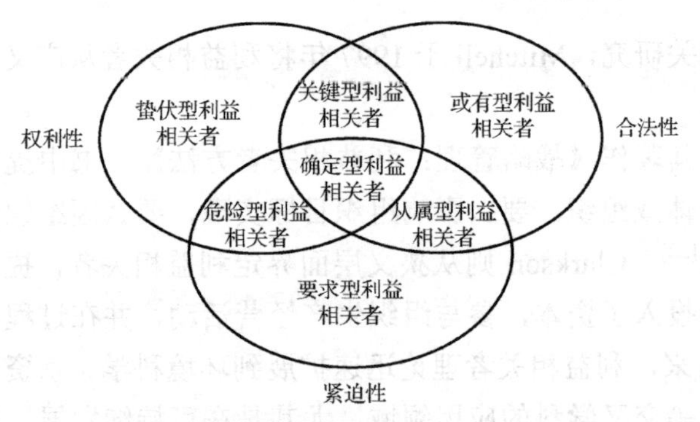

图 2-12　米切尔分类法及利益相关者类型

2.3.3　PPP 模式利益相关者确定

研究基于财政部《PPP 项目合同指南（试行）》确定各方利益相关者。

PPP 项目的全生命周期组织流程包括项目筹建、执行、项目建设、经营、维护等环节，通过项目合作构建利益相关者，以实现多方的合作共赢。PPP 项目利益相关者相互关系和结构如图 2-13 所示。

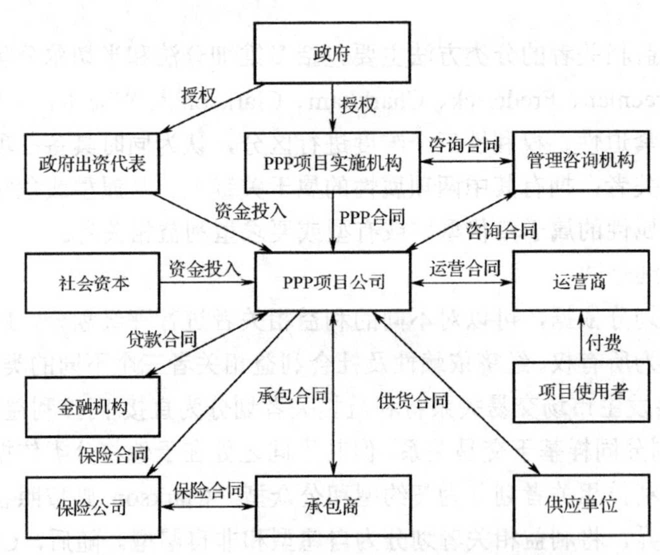

图 2-13　PPP 项目利益相关者相互关系结构图

2.4　治理理论研究

2.4.1　环境治理研究现状

基于 CNKI 数据库，研究比较“Full Text”“Title”“Subject”“Keywords”

“Abstract”的检索策略，经反复实验及测算，选择如下检索策略：“主题=环境治理，期刊来源=CSSCI”，不做时间限定。同时，剔除与研究不相关的征稿启事、新闻稿等，最终共检索到 1946 篇与该研究领域相关的文献。以这 1946 篇相关文献为样本，利用 Citespace 关键词路径计算方法，将 Node Types 设置为“Keywords”，得到关键词共现网络分布图，如图 2-14 所示。在该图中，共现节点数量为 370 个，连线数量为 463 条，网络密度为 0.0068。节点和连线数量表明针对该领域的研究的成熟度，可以看出，环境治理领域是个涵盖面十分广泛的学科领域。线条的粗细程度表明该关键词与其他相关词汇的关联强度，从关联关系可以看出，在环境治理的研究中“政府角色”“农村”“第三方治理”“生态文明”等词语较为突出。

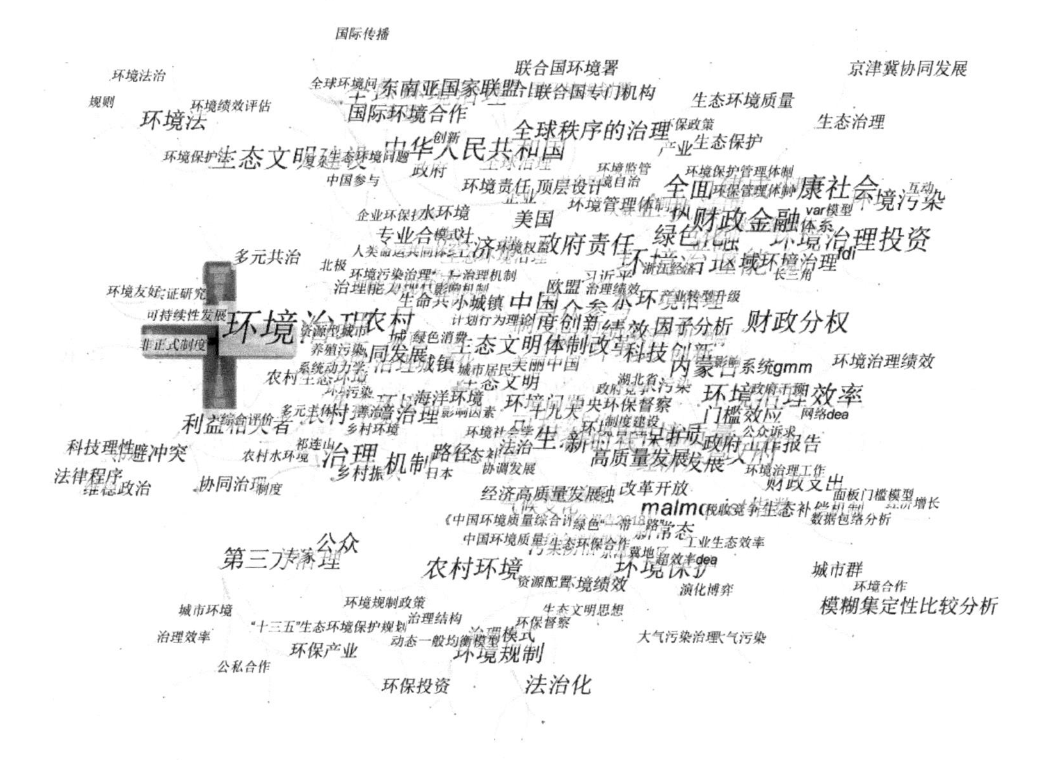

图 2-14　“环境治理”关键词共现网络分布图

国内环境治理领域研究文献发文作者的共现网络分布图如图 2-15 所示。图中共现节点数量为 293 个，连线数量为 149 条，网络密度为 0.0035，即在发文作者共现网络分布图中的节点数量和连线数量较少的情况下，图谱保持了较高的密度，说明该领域的相关研究主要集中在部分核心作者的研究上。但总体而言，该领域作者之间联系也较为分散，合作强度不高。

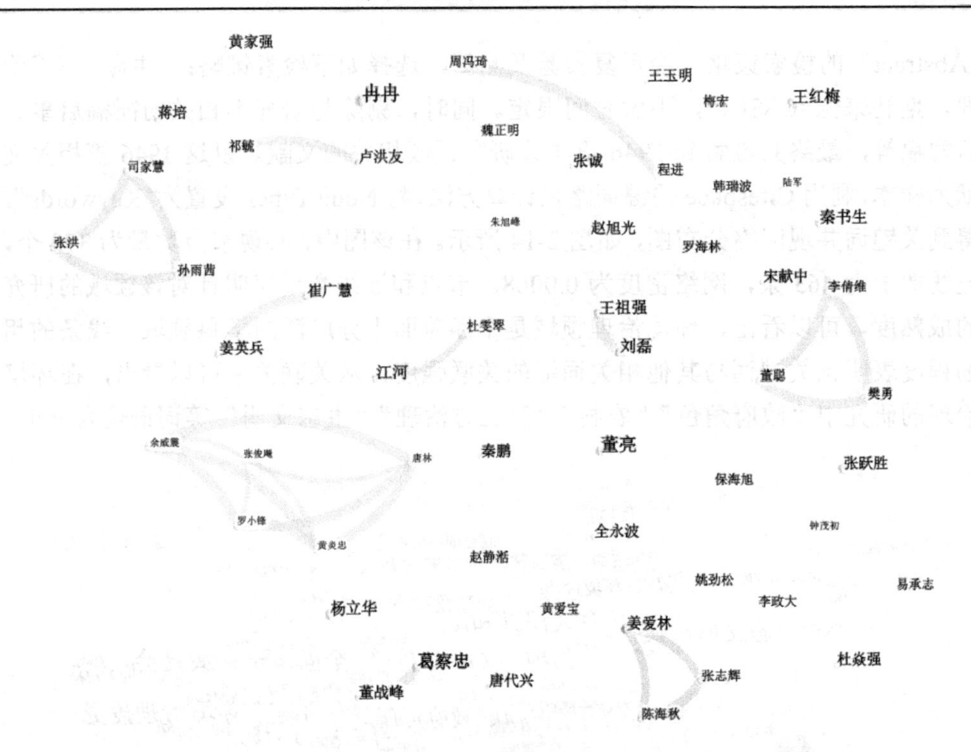

图 2-15 “环境治理”作者共现网络分布图

“环境治理”发文机构共现网络分布图如图 2-16 所示。图中共现节点数量为 237 个，连线数量为 61 条，网络密度为 0.0022，机构与机构之间的联系较为松散。其中，南京农业大学、河海大学、环境保护部和西安交通大学四所机构发文数量占较大比重。

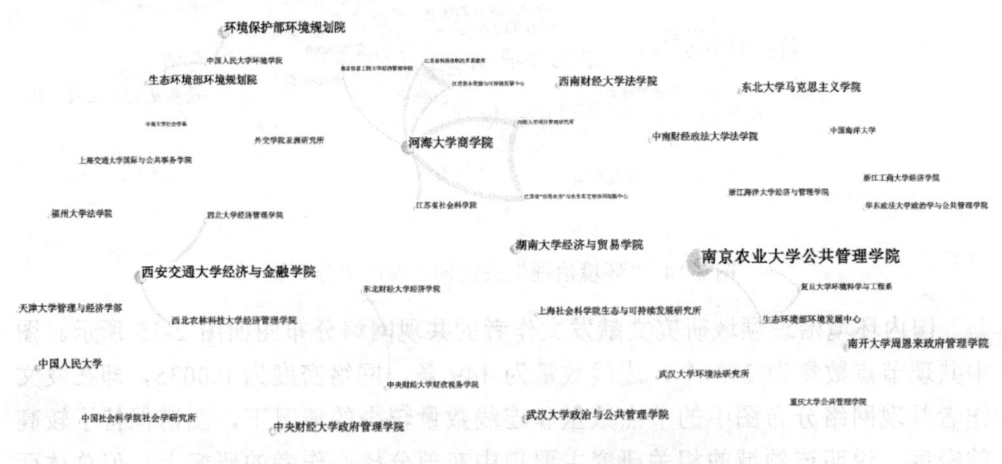

图 2-16 “环境治理”发文机构共现网络分布图

1. 环境治理主体

针对环境治理主体，大多数研究主张采取多元主体共同合作治理的模式。崔也光等[55]提出“原有政府完全兜底+企业搭便车”的治理模式存在短板，应该提倡市场化手段治理，建立环境交易中心，让排污权交易、用能权交易、碳排放权交易等市场化手段成为环境治理的主导模式，引导企业管理层将环境成本纳入重要决策范围，承担应有的环境治理责任，减轻政府环境治理的经济负担。唐任伍等[56]也认为政府主导的环境治理模式无法解决资金短缺、治理效率低等综合问题。余海山[57]倡导由政府、公众、企业、环保组织等在平等的基础上进行共同治理，构建多元主体治理模式。王萍[58]基于环境大数据提出构建政府、企业、公众等多元参与、平等协商、双向互动的“环境治理共同体”。杜辉[59]探讨了制度逻辑框架下环境治理模式的转换，指出多元治理主体模式应是包含“政府与环保非政府组织”“政府与公众”“环保非政府组织与公众”三维合作关系的立体化模式。汪红梅[60]指出环境治理应针对不同的情况采取不同的治理模式，协同政府、企业、公众等主体采用多种环境治理模式。余敏江[61]探讨了中国当前在经济快速增长与环境治理的双重压力下、中国共产党领导下的多元治理主体、党政共同负责与“治理联盟”的政策执行系统，讨论了政治、财政、道德三重激励机制及地方人大、政协监督和中央环保督察的约束机制等具有中国特色的环境治理模式。

2. 环境治理具体模式

针对环境治理具体模式，杜辉[59]基于环境治理制度逻辑，将环境治理模式分为“权威＋依附”的权威治理模式与“参与＋合作”的公共治理模式。公共治理模式强调发挥市场机制与社会自治的作用，在法治框架下平等协商，具有政府、社会、市场等多个主体、多个中心，且不同主体之间采用网状结构相互协同和制衡，是一种合作型环境治理模式。张锋[62]基于类型化视角，依据国家干预主义理论、市场自由主义理论和社会中心主义理论将环境治理模式分为命令-控制型、经济-激励型和自治-协商型三类。汪红梅[60]基于主体视角提出农村环境治理有政府包办型、政府购买型、机构扶助型和农户自治型四种环境治理模式。郝就笑等[63]将环境治理模式分为功利型环境治理模式、管制型环境治理模式、合作型环境治理模式、智慧型环境治理模式四类。李云新等[64]提出大数据、人工智能、区块链等技术工具为克服环境治理中的信息不对称现象提供了工具，政府治理能力提升的关键在于治理工具的革新。要真正实现环境问题的标本兼治，还需要将技术和制度理性两个方面相结合，优化环境治理模式，辅以良好的法制治理。Letaifa[65]指出智慧治理应该综合考虑经济发展、社会民生、环境可持续等方面，目标的实现需要政府考虑环境治理的价值导向，也需要强化大数据时代的技术理性。

Yigitcanlar 等[66]指出政府与社会其他主体之间的合作才是智慧治理的关键。郭少青[67]认为真正的智慧治理应该从经验模式走向技术智慧模式，从政府命令和主导方式走向社会多元方式，从企业被动治理走向主动预防型治理，从人工数据处理转变成大数据、云计算辅助下的现代治理。

3．环境治理费用

环境治理需要大量资金投入，为此，学者对环境治理经费不足及经费来源等问题进行了研究。毕军[68]认为地方环境部门的经费预算受制于地方财政，这在一定程度上造成了地方环保部门的“弱势”，影响了环保部门的管理。侯凤兰等[69]提出，目前矿山治理主要采用企业主体承担治理费用、地方政府承担治理费用、政府将环境治理费用纳入财政预算、社会资本融资这四种方式筹集费用。宋蕾[70]指出我国的废弃矿山缺少宏观层面的治理规划，治理资金没有保障，影响环境治理的效率与效果，并在借鉴美国保证金制度构建的基础上，提出我国保证金征收模式的发展应该注意配套设施建设。刘成[71]从总体管理原则、各方职责、计提方式、使用方式、监管方式等方面对比分析了环境治理基金制度与保证金制度的区别及优劣，认为基金是前置管理，是积极多来源的；保证金是后置惩戒，是消极防御单一来源的。因此，建立环境治理基金更有利于缓解环保部门受制于地方财政的经费预算的局面。杨凌雁等[72]研究了我国矿山环境治理恢复基金制度的构建，并提出了相应的措施。覃春平等[73]在对矿山环境治理恢复基金政策分析的基础上，对治理资金与企业之间的关系、治理恢复基金的会计业务处理、税务处理三方面进行剖析，对恢复基金中弃置费用的核算和基金的业务管理提出建议。

国内对稀土环境治理的研究还处于初步阶段，研究主要集中在稀土环境成本核算、稀土资源税改革、环境税增开、资源地补偿等方面。苏文清[74]对中国稀土产业成本进行核算并从企业和国家两个角度提出战略措施和政策建议；董君[75]提出要强化稀土环境成本的核算，厘清价格体系以实现补偿成本核算；吴一丁等[76]对南方离子型稀土进行调研，提出应完善资源税、开征独立环境税；边俊杰[77]、吕世红[78]等梳理了现行稀土资源税费制度，探讨了稀土产业可持续发展风险准备金制度的建立；刘亦晴等人以赣南稀土为例，探讨了稀土环境多元化治理机制，并对废弃矿山或有环境负债治理应用 PPP 模式的可能性、存在的问题、地方政府与社会资本演化博弈和系统仿真进行了探讨[79-83]。

2.4.2 公共治理研究现状

在 20 世纪 70 年代以前，在公共治理模式方面主要采用“大政府”的治理结构来主导国家与社会的发展，即采用层级管理模式。20 世纪 80 年代后，在管理主义的影响下，改采“小政府”的治理结构，即复杂管理模式，积极推动市场机制与私人管理策略进入公共部门，社会的自主权大幅提升。20 世纪 90 年代后，网络经济兴起，公众参与意识加强，主张政府行动力与公平正义多角色的维护模式占据主流，复杂管理模式转变为网络状公共治理模式。公共治理模式转变如图 2-17 所示。

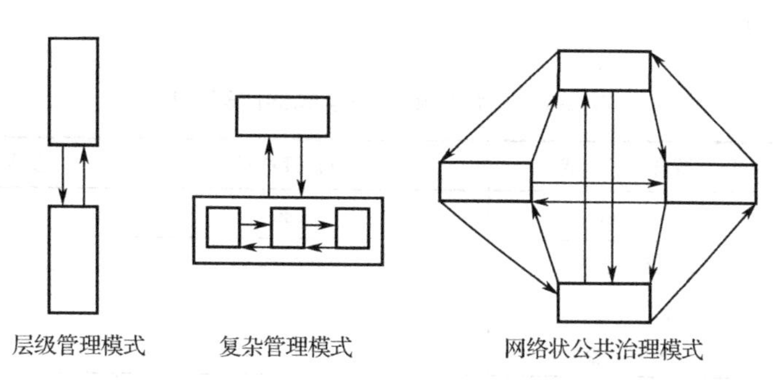

图 2-17　公共治理模式的转变

环境治理模式研究根据参与主体的不同呈现为几种代表性模式，即政府主导的强制性治理模式、基于产权理论的市场治理模式、基于公民社会的自组织治理模式和多中心治理模式。强制性治理模式研究主要以 Pigou 等学者为典型代表，主要观点为生产过程中产生的负外部性是导致环境污染的源头，单纯依靠市场的力量是无法切断源头的。Pigou 提议对企业强制征税，通过征税的形式将生产产生的环境治理成本内部化。Coase 等学者进行了基于产权理论的市场治理模式的研究，其主要观点为产权关系是影响环境治理的原因，只要将产权关系界定清晰，市场就可以通过产权关系交易来解决环境治理的问题。在公众地位提升、非正式组织的作用被重视的过程中，应该发挥公民的自治能力，公民积极性的提高对环境治理效果有着重要影响。多中心治理模式以 Ostrom 等学者为代表，他们认为治理行为要通过冲突和对话协商等多种手段来争取达成平衡的结果。多中心治理模式创新治理主体，打破以往单一治理的思维。

中国自上而下的环境治理体系被描述为较为集权的环保主义[84]，政府通过管控指挥来施行环境政策。在环境政策施行的过程中，存在“实施差距”，即地方政府由于对经济增长和环境目标的竞争性激励而未能执行中央政府发布的政策[85]。同时，在环境政策实施过程中也存在“参与鸿沟”，即非国家行为者和公众没有充分参与环境治理的过程。在自由市场形式下的环境保护主义中，强调公众有必要参与环境治理政策制定[86]。Kostka 和 Mol 等学者还提议将公众参与视作解决许多中国环境政策难以实施这一问题的对策。此后，随着实践的推进，中央政府意识到与公众之间存在参与鸿沟，在2014年修订的《中华人民共和国环境保护法》中深化完善了相应的公民参与规定[88]。肖扬伟等[89]提出“政府主导，官民协同”的多中心治理模式；陈潭等[90]从全球环境治理模式中认识到多中心合作治理的优势；洪富艳等[91]提出政府和利益相关者应合作共赢、综合治理；张敏等学者[92]提出协商治理是一个成长中的新公共治理范式；曾正滋等[93]提出了包容性增长视野下的中国化生态公共治理体系应以环保社会组织为重点。表2-4列出了三种环境治理模式的特点比较分析。

表2-4 三种环境治理模式的比较分析

比较参数	政府主导模式	市场治理模式	多中心治理模式
代表人物	Pigou	Coase	Ostrom
治理主体	政府及相关部门	经济组织	政府、社会多元主体
治理目标	政府自利 公共利益	经济利益	公共利益
政府作用	绝对主导作用	减少干预	政府放弃权利、减少干预
治理基础	强制性权威	竞争机制	信任、合作意识
治理逻辑	命令控制	产权明细、自愿	沟通、志愿性协调
政策实例	谁受益，谁投资 谁污染，谁治理 污染者付费原则 排污收费制度	排污权交易制度 碳交易	瑞士和日本的 高山草场和森林的 社群保有权等
存在问题	主体单一、资金不足、 效率低下等政府失灵	治理出现搭便车等市场失灵	普遍适应性不强

2.5 演化博弈理论

博弈理论最早由数学家Von Neumann和经济学家Morgenstem在*Theory of Games and Economic Behavior*（《博弈论与经济行为》）一书中首次提出，它的提出为解释不同群体之间的合作行为提供了理论支撑。此后，囚徒困境、非合作博弈理论先后被提出。此时的博弈理论主要是静态分析，即分析独立个体的行为策略选择情况，而不考虑其他群体之间的相互影响。不完全信息、动态分析等知识的引入，使得博弈理论的框架日趋饱满。理论框架的完善、跨学科交流的深入，使得博弈理论成为一项实用且重要的工具性理论。

在实际问题中，目标的不一致性会导致个体需求与集体需求相矛盾的情况出现。博弈中通常把这种情况称为“两难情况”。环境污染治理、资源开采等情况，都属于两难情况这一类型。而博弈论的本质是为了协调群体之间的合作行为，为研究两难情况提供了重要的理论框架。博弈理论主要包含经典博弈理论和演化博弈理论两种研究方法，这两种研究方法是分别基于完全理性和有限理性两种假设进行的。完全理性指的是决策者能够获取全部信息，并且能够在信息流中做出利益最大化的决定。但事实情况是，决策者并不可能或没有时间完全知道所有的信息，只拥有有限理性，即只能在有限的时间和有限的信息中做出更为合适的决策。经典博弈理论主要是研究在完全理性假设下，博弈各主体如何在充分考虑自身利益的前提下布置行为策略。与经典博弈理论有所区别，演化博弈理论主要是博弈各主体基于有限理性假设，探究博弈主体在重复博弈过程中如何实现自身利益最大化。

从目前国内外的相关理论发展和实践推进过程来看，博弈论在提供公共物品、公共服务领域的应用方面已经获得了一定程度的发展。例如，针对俱乐部物品的相关理论分析、基础设施项目的决策机制设计、基础设施项目定价及收费机制设计、政府监管部门对项目公司的监管等诸多方面，特别是在 PPP 项目这类信息不对称、公益性质较强的公共市场领域。PPP 模式以利益相关者的利益诉求为依据，通过契约规定公共部门和私人部门的权利、义务、利益和风险分配情况。对于 PPP 项目建设过程中的公共部门和私人部门多方面、多领域的合作问题，实际上存在着一定的委托-代理关系，公私双方利益诉求的差异会促使双方的博弈行为。

参考周静波等学者的研究，简单介绍一种演化动态的标准模型——复制者动态（Replicator Dynamics，RD），其具体步骤如下。假设①一个无穷成员的群体（连续的），成员间两两进行配对博弈；②公共策略集 $\boldsymbol{S}=\{s_1, s_2, \cdots, s_n\}$，支付矩阵 $\boldsymbol{A}=(a_{ij})_{i,j=1,2,\cdots,n}$，任意给定元素 a_{ij} 表示一个采用纯策略 s_i 的个人在对手选择策略 s_j 时得到的支付，且参与者只采用纯策略；③时间是离散的，$t=1, 2, \cdots$；④t 时刻群体状态 $x(t)=(x_1(t), x_2(t), \cdots, x_n(t))\in\Delta^{n-1}$，其中 $x_i(t)$表示个体选择策略的概率，$v(t)$表示群体中生物的总数，$v_i(t)$表示选择纯策略 s_i（$i=1, 2, \cdots, n$）的个体总数，于是，t 时刻 $v_i(t)=v(t)x_i(t)$；⑤所研究的群体中的成熟个体只存活一期，它们中的每一个个体留下的后代的数量是由各自的适应性决定的。

于是，选择纯策略 s_i 的个体在 $t+1$ 时的总数可以表示为

$$v_i(t+1)=v_i(t)\left[\sum_{j=1}^{n}a_{ij}x_j(t)\right] \quad (i=1,2,\cdots,n) \tag{2-1}$$

$$x_i(t+1)=\frac{v_i(t+1)}{v(t+1)}=\frac{x_i(t)v(t+1)\left[\sum_{j=1}^{n}a_{ij}x_j(t)\right]}{\sum_{u=1}^{n}x_u(t)v(t)\left[\sum_{j=1}^{n}a_{uj}x_j(t)\right]} \tag{2-2}$$

可化简为

$$\frac{\Delta x_i(t)}{x_i(t)}=\frac{x_i(t+1)-x_i(t)}{x_i(t)}=\frac{\sum_{j=1}^{n}a_{ij}x_j(t)-x(t)\boldsymbol{A}x(t)}{x(t)\boldsymbol{A}x(t)} \tag{2-3}$$

式（2-3）表明了任意给定策略 s_i 的概率变化率处于其平均适应度 $\sum_{j=1}^{n}a_{ij}x_j(t)$ 和所有策略获得的平均适应度 $\sum_{u=1}^{n}x_u(t)\left[\sum_{j=1}^{n}a_{uj}x_j(t)\right]$ 之间。通常称之为复制者动态的动态系统。

2.6　系统动力学理论

系统动力学（System Dynamics，SD）是一门用系统的思维来思考问题、解决问题的交叉学科，在 20 世纪 50 年代由麻省理工学院（MIT）的 Forrester 教授提出。系统动力学模型的主要功用在于可以提供一个进行学习与政策分析的工具[94]，已经被广泛应用于解决社会、经济、管理、生态系统等问题。

系统动力学方法的特点有：①更适合解决长期性或周期性问题。系统动力学认为无论是系统的行为还是环境对系统的影响都需要通过系统的结构才能起到相应的作用。在系统动力学建模的时候，可以通过模拟时间的设定来研究长期行为的变化趋势。②在数据不足的情况下可以解决复杂的社会问题。相较于其他模型，系统动力学可以利用模型中的多重反馈特性，降低部分非关键参数变化的敏感性，避开数据不足的劣势情况，同时利用少量数据和主要信息，通过系统内部的因果关系进行合理推测。③可以进行预测研究。系统动力学可以利用系统之间的因果关系及已有数据，设定相应的模拟时间，预测在未来时间里因果关系行为的走向和变动。

整理和总结文献，可以将系统动力学构建模型的具体步骤归纳为以下几步。

第一，清晰建模目的，明确需要解决的具体问题。

第二，明确系统边界，确定研究问题的范围。系统内部应具体包含所有对系统特征有较大影响的因素，而在系统边界与系统有关联的部分便是系统的环境。

第三，系统结构分析。研究系统及其组成部分之间的关系，研究系统的反馈结构，分析系统整体与局部之间的关系，进而梳理清楚系统中的因果关系及反馈回路，形成因果回路图。图 2-18 为因果回路示意图，其中，A 是原因，B 是结果，两个图形分别表示一个正因果关系和一个负因果

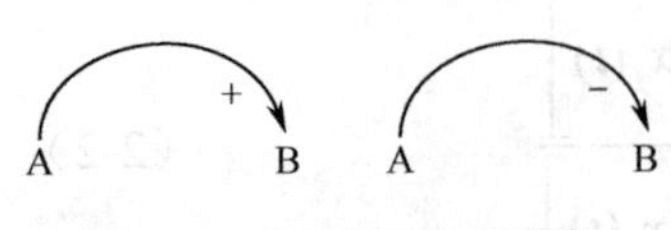

图 2-18　因果回路示意图

关系。

第四，系统动力学建模。利用系统动力学语言进一步刻画系统各变量之间的相互作用关系，建立相应的数学方程组，确定模型中的参数值，做出系统动力学流图。系统动力学流图可以清晰地描述影响反馈系统的动态性能的累积效应，揭示系统各元素之间的数量关系，其一般形式如图 2-19 所示。

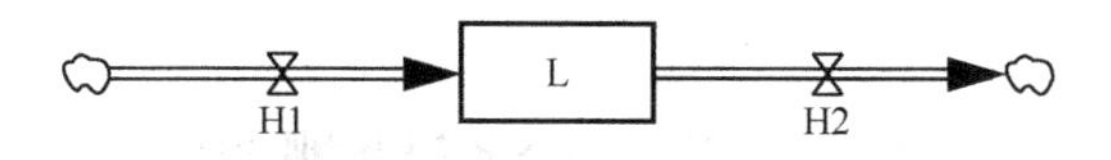

图 2-19　系统动力学流图的一般形式

第五，模型应用。可借助试验参数和结构的变化理解结构与系统行为模式的关系；运用模型进行模拟，并检验模型的真实性与信度，通过对结果的分析，可以发现系统结构的不足和缺陷，确定是否需要对模型进行必要的修正，然后再做仿真测试，直至达到预期目标。

2.7　本章小结

本章主要对研究涉及的相关概念和理论进行了介绍。目前我国在国际经济大变化和国内结构调整的双重背景下，进入“三期叠加”的特殊阶段，从增长速度、经济结构、要素驱动等方面全面进行发展方式的转变，是增长速度和质量效益的再优化、再平衡。在“创新、协调、绿色、开放、共享”的新理念下，我国资源环境约束严重态势并没有发生变化，资源集约、环境友好的绿色矿业发展是必然之路，矿区生态环境修复仍是国家生态安全的重要环节。

基于此，研究将或有环境负债界定为，在环境损害和生态破坏方面没有责任主体或责任主体不明确，最终需由政府兜底的隐性债务或发生的未来成本。由于矿山或有环境负债的规模大、治理任务重，同时又存在政府财政资金严重不足、治理经验短缺的痛点，因此引入私人部分合作的 PPP 模式成为良好的尝试。围绕矿山或有环境负债 PPP 项目，本章对 PPP 模式相关内涵、利益相关者进行了介绍，按照米切尔分类维度，从合法性、权利性和紧迫性三个维度将矿山或有环境负债 PPP 项目利益相关者分为关键型利益相关者、危险型利益相关者和从属型利益相关者等几类利益相关者。本章还对研究过程中使用的公共治理模式、演化博弈和系统仿真方法进行了介绍，为后续研究奠定理论基础。

第3章　矿山废弃地生态修复现状和发展

3.1　矿山废弃地概述

3.1.1　矿山废弃地定义

矿山废弃地是指在采矿活动中被破坏、未经治理而无法使用的土地。历史遗留矿山废弃地主要由以下四个原因造成。一是在我国1988年《土地复垦规定》颁布前产生的废弃地。1988年以前损毁土地面积高达3900万亩，其中70%没有得到治理。由于没有相关法规约束，已经完全找不到责任主体。二是由于历史原因，原有矿山义务人已经灭失导致的废弃地。《土地复垦规定》实施30余年来，因矿山责任人灭失而废弃损毁的土地面积高达1300万亩。三是由于国家矿山治理、整合规制政策造成的矿山企业关停，间接产生的废弃地。尤其是在2015年我国推动供给侧改革，矿业行业大规模去产能背景下，传统粗放发展导致的一部分产能过剩的矿山被政府强行关停，形成因国家政策调整产生的新“历史遗留”矿山废弃地。

如果不对矿山废弃地进行治理和复垦，将会对矿区生态造成非常大的影响。根据废弃地形成原因的差异，矿山废弃地的主要类型有废石堆积场、采矿废弃地、尾矿废弃地、其他废弃地[95]，具体分类及特点如表3-1所示。

表3-1　矿山废弃地的分类及特点

类　型	形成原因	特　点
废石堆积场	低品位矿石	质地松散，地表易形变，水土流失严重
采矿废弃地	采完后的采空区和塌陷区	植被、生物群落被破坏，水土流失，水体受污染
尾矿废弃地	矿石精选后产生的尾矿堆	有自然爆炸可能，有害元素污染周围土壤和地下水
其他废弃地	采矿辅助建筑设施用后废弃	设施废弃土地难以复垦和利用

资料来源：前瞻产业研究院

3.1.2　矿山废弃地的影响

矿山废弃地会对生态、环境、地质三个方面造成影响。生态方面，矿业活动会对森林植被、地面植物造成破坏，导致严重的水土流失，破坏植物适宜的生存条件和动物栖息地，进而减少动植物物种多样性。环境方面，矿山废弃地可能会加剧水、土壤及一定程度的固体污染，经过长时间的渗透和扩散，会增大废弃矿山地质污染的面积。地质方面，若长期对矿山废弃地置之不理，会造成滑坡、泥石流，进而破坏地表植被，导致土壤荒漠化，或对堤坝及水位产生负面影响。

（1）不同类型矿山废弃地带来不同影响

在矿石开采过程中，低品质矿石通常会被直接丢弃，产生大量废石及表层岩石土壤形成的废石堆积场。废石堆积场地质杂乱松散，缺乏有机物，难以生成植被覆盖，长久遗留容易产生水土流失及非均匀的沉降现象。而采矿废弃地及尾矿废弃地可能包含较多的有害元素，一些矿物元素经过长时间太阳暴晒及长时间氧化，存在自然爆炸的危险，这些有害的物质也可能随着雨水渗入地下的水循环系统，造成更大范围的地质污染。为采矿作业辅助建设的配套设施在采矿结束后会被拆除，拆除的残留及施工废弃物形成的废弃地，会导致大面积的土地浪费，有些设施及加工设备具有二次利用的能力却被闲置。

（2）矿山废弃地造成的危害

首先，在经济发展进程中，土地利用具有结构性矛盾。在这一背景下，矿山废弃地占用了大量土地资源，众多矿山废弃地导致土地资源的极大浪费，而与此同时却存在一些大型矿山企业面临存量建设用地无法盘活、新增建设用地获取难等问题。其次，矿山废弃地严重破坏了土壤结构，使岩石层、地层都可能发生移动和变形，破坏地表自然景观，毁坏地表植物、地貌，这些都会造成不可恢复的破坏。最后，矿山废弃地影响了某一区域生态系统整体平衡，如西北干旱的生态脆弱区域，偏少的植被主要用于沙化防卫、保水保湿。但矿山开采、废弃地的残留会加剧沙化、影响地域性降水、空气湿度等。在南方稀土矿山废弃地，如果露天的稀土矿源地质与雨水结合，较易释放出毒性较大的水溶重金属，危及矿山周边生态。

3.2　矿山废弃地生态修复进展

矿业是我国国民经济发展的支柱性产业之一，但随着经济不断转型，产业动能转化，资源不断耗尽，枯竭矿山数量大幅增加。矿区经济发展受到阻碍，导致矿山废弃地生态环境问题日益凸显，矿山生态修复迫在眉睫。矿区遭到关闭，除经济原因外的另一个重要原因便是开发引发的环境问题。在矿山开采过程中会产生大量矿山废弃地，以重金属和矿山酸性排水污染为主，这些废弃地对环境造成很大破坏。

调查发现，目前我国大多数矿山对其周边的生态及水源造成了一定程度的破坏，若不及时对矿山废弃地加以修复，将会对区域性的生态安全构成极大威胁。生态文明建设战略的实施，以及国家对环保重视程度的不断提升，也迫切要求将各种污染源头治理好。因此，加快矿山废弃地生态修复工作，是保障生态环境的需要，也是国家生态文明、健康中国战略的重要推手。

3.2.1 矿山废弃地生态修复研究现状

基于 CNKI 数据库，研究比较“Full Text”“Title”“Subject”“Keywords”“Abstract”的检索策略，经反复实验及测算，选择如下检索策略：“主题=矿山废弃地，期刊来源=全部期刊”，不做时间限定。同时，剔除与研究不相关的征稿启事、新闻稿等，最终共检索到 229 篇与该研究领域相关的文献。以这 229 篇相关文献为样本，利用 Citespace 关键词路径计算方法，将 Node Types 设置为“Keywords”，得到关键词共现网络分布图，如图 3-1 所示。在该图中，共现节点数量为 34 个，连线数量为 29 条，网络密度为 0.0517。节点和连线数量表明针对该领域的研究的成熟度，在本次检索中节点数量和连线数量都较小，表明矿山废弃地在矿山生态化的研究中是一个细分领域，研究较为集中。线条的粗细程度表明该关键词与其他相关词汇的关联强度，从关联关系可以看出，矿山废弃地与“生态恢复”“废弃地”“生态修复”“重金属”和“植被恢复”等词语关联性较强。

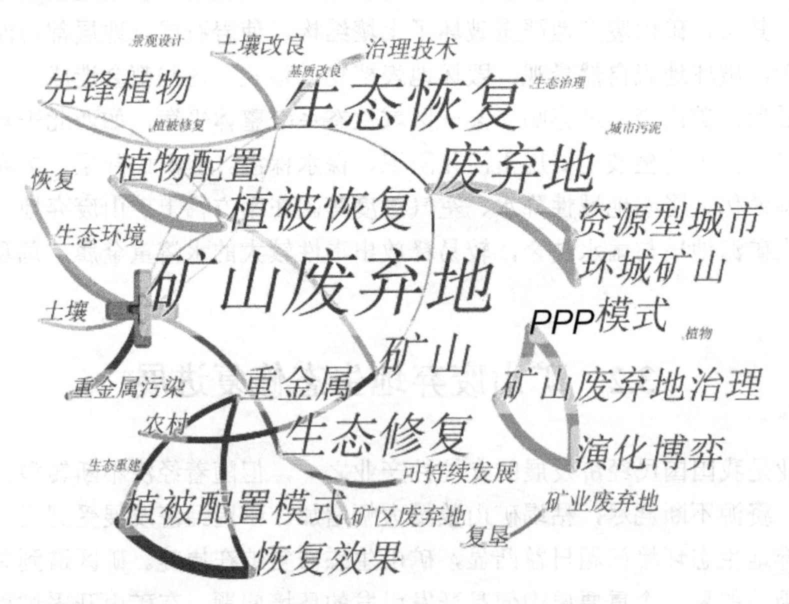

图 3-1 “矿山废弃地”关键词共现网络分布图

国内有关矿山废弃地的研究文献发文作者的共现网络分布图如图 3-2 所示。

图中共现节点数量为 23 个，连线数量为 16 条，网络密度为 0.0632，即在发文作者共现网络分布图中，节点数量和连线数量较小且图谱保持了较高的密度，说明该领域的相关研究主要集中在部分核心作者的研究上。由图谱光环大小和共现频次可知，许多专家学者对矿山废弃地进行了深入的研究。该领域内核心专家人数较少，根据网络的作者合作情况来看，研究该领域的作者中，形成了两个合作团体，分别是蔡丽平、庄凯、刘爱琴和侯晓龙团队，以及卿华、侯明明、魏艳和李若愚团队。其余作者间合作关系较弱。

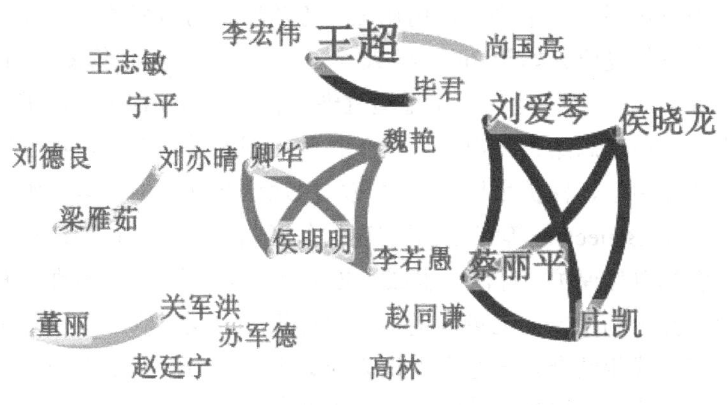

图 3-2 “矿山废弃地”作者共现网络分布图

“矿山废弃地”发文机构共现网络分布图如图 3-3 所示，图中共现节点数量为 12 个，连线数量为 4 条，网络密度为 0.0606。节点数量和连线数量都很小，网络密度相对适中，表明该研究领域研究机构较少，机构与机构之间的联系也并不紧密，机构合作网络的结构也较为松散，机构中以理工类院校和冶金类院校居多。

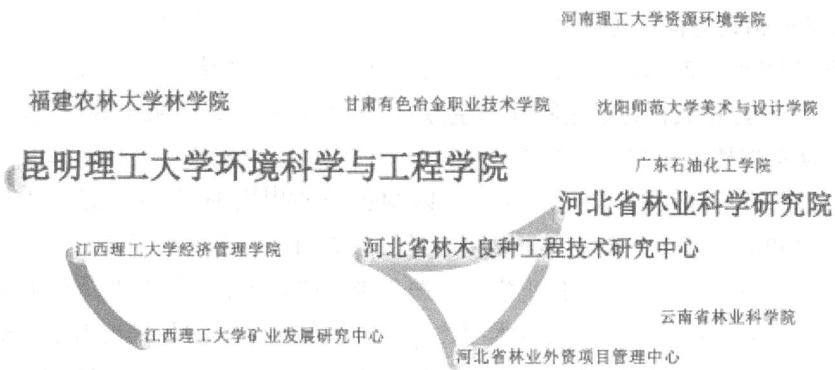

河南理工大学资源环境学院
福建农林大学林学院
甘肃有色冶金职业技术学院
沈阳师范大学美术与设计学院
昆明理工大学环境科学与工程学院
广东石油化工学院
河北省林业科学研究院
江西理工大学经济管理学院
河北省林木良种工程技术研究中心
云南省林业科学院
江西理工大学矿业发展研究中心
河北省林业外资项目管理中心

图 3-3 “矿山废弃地”发文机构共现网络分布图

在我国，矿山废弃地指的是在采矿、选矿和冶炼过程中被破坏或污染且未经处理就无法使用的土地[95]。矿山废弃地不仅会带来有害物质和环境污染问题，还会导致城市土地短缺[97]。出于对土地资源和环境保护的需要，矿山废弃地治理行动迫在眉睫。一般而言，大多数矿山废弃地修复项目需要大量的资金和较长的处理时间[98]。越来越多的废弃地已成为土壤研究的主要问题，矿山废弃地修复对政策制定者和理论界来说既是挑战也是机遇[99,100]。

20 世纪初，国外对于矿山废弃地的生态修复研究就开始了，研究成果比较丰富的是澳大利亚、德国、美国、英国、加拿大等发达国家。生态环境修复技术、修复领域和项目选择、生态修复市场化运作等领域成为研究的主要关注点。我国矿山废弃地生态修复研究始于 20 世纪 70 年代。在矿山废弃地修复方向的研究上，Soltanmohammadi 等[101]利用矿山土地适宜性分析框架（MLSA）对矿山废弃地修复的模式进行了归纳总结，得出了农业、林业、湖泊或池塘、密集型娱乐、非密集型娱乐、建设用地、保护用地、废物充填用地这八种不同类型的矿山废弃地利用形式。Marzena Bieleckaa 等[102]从更宏观的角度归纳了采矿行为结束后的土地可发展方向为农林自然保护、经济、水域、文化等。蒋正举等[103]梳理已有文献后发现，在矿山废弃地利用方向上可以更多与生态旅游、观光农业、矿山工业旅游、矿山文化园等模式相结合。一些学者认为应该根据矿山废弃地地理位置的不同，将矿山废弃地改造为宜居社区[104]、公园绿地[105]，实现矿山废弃地的可持续发展。在矿山废弃地生态修复技术的研究上，以陈敏[106]、位振亚[107]为代表的学者以南方稀土矿山废弃地为研究对象，结合国内外稀土矿山废弃地已有修复技术经验提出相应建议。在矿山废弃地生态修复市场化运作研究方面，顾和和等[108]以煤矿为例，提出塌陷土地资产化的观点。蒋正举等[103,109,110]从“资源化-资产化-资本化”三资的视角创新地看待矿山废弃地的整治问题，以便实现矿山废弃地的可持续发展。在政府治理方面，刘向敏等[111]从治理成果分配的角度归纳了矿山废弃地几种治理模式的特点和问题，并给出相应的政策建议。在评价指标设计领域，学者们主要采用 PSR 框架探讨矿区特征的生态安全评价指标体系。Neri 等[112]基于 PSR 框架，从自然植被和空气质量的角度提出了铁矿区生态安全评价指标体系，具体评估了巴西东南部铁矿区的生态安全。以 Malenović[113]、He[114]和 Ke[115]为代表的学者运用 PSR 框架，从资源开采强度和经济效益两个方面提出了煤矿区生态安全评价指标体系，并对科斯托拉克煤炭、塞尔维亚的煤矿和中国郑州煤矿的生态安全性进行了评价。与稀土开采技术相比，煤、铁等矿产品的开采技术已经相当成熟，采矿技术标准化程度较高，对生态安全的影响较小。稀土的开采技术很复杂，不同的开采技术之间存在很大的差异，如转储和原位浸出方法在所需离子交换液的类型和用量方面就存在显著差异。采矿技术的这些差异对稀土矿区的生态安全具有至关重要的影响。鉴于稀土开采技术在成熟度和影响方面的差异，He 等[114]

提出的评价指标不能直接应用于稀土矿区的生态安全评价。在影响稀土矿区生态安全的各项指标中，采矿技术、采矿强度等具有相关性，这些指标的状态值的动态变化通常会对其他指标的状态值产生交叉影响。因此，难以通过 AHP 等常规评价方法来评价稀土矿区生态安全的发展趋势。

在将 PPP 模式应用于矿山废弃地生态修复的研究领域方面，Han 等[116]模拟了中国棕地项目的融资困境，证明 PPP 模式可以成为解决这一问题的有效途径。Whitman 等[117]根据对利益相关者的访谈，分析了推动私人部门投资棕地整治项目的激励措施。Glumac 等[118]提出了一个决策模型，用以改善棕地再开发 PPP 项目中公共部门和私人部门之间的谈判过程。杨彤[119]构建了矿山废弃地 PPP 项目的博弈框架并基于此提出相应的对策建议。刘亦晴等[82,83]在杨彤的基础上更加深入地研究了矿山废弃地 PPP 项目中的博弈问题。

3.2.2 矿山废弃地生态修复政策

以 1988 年颁布的《土地复垦规定》为代表，国家先后出台了诸多有关矿山废弃地生态修复的政策，具体如表 3-2 所示。

表 3-2 全国矿山废弃地生态修复相关政策

年份	政策名称	政策概要
1986	《中华人民共和国矿产资源法》	因地制宜采取土地复垦制
1986	《中华人民共和国土地管理法》	保护和改善生态环境，保障土地的可持续利用
1988	《土地复垦规定》	明确土地复垦概念和原则
1989	《中华人民共和国环境保护法》	保护和改善环境，推进生态文明建设
1998	《中华人民共和国土地管理法(1998 年修正)》	占地补偿，加大耕地保护，注重生态系统安全
2000	《全国生态环境保护纲要》	加大生态环境保护工作力度，扭转生态环境恶化趋势
2005	《国务院关于全面整顿和规范矿产资源开发秩序的通知》	探索建立矿山生态环境恢复补偿制度、明确治理责任
2006	《财政部 国土资源部 环保总局关于逐步建立矿山环境治理和生态恢复责任机制的指导意见》	矿山环境治理和生态恢复责任机制
2009	《矿山地质环境保护规定》	鼓励企业、社会投资矿山地质环境保护
2011	《土地复垦条例》	明确复垦主体、资金渠道，规范复垦活动
2011	《国家环境保护“十二五”规划》	落实企业主体责任
2011	《关于加强稀土矿山生态保护与治理恢复的意见》	整顿稀土开采；企业主体责任；保证金，生态补偿机制
2011	《全国造林绿化规划纲要(2011—2020 年)》	加大造林绿化投入力度，落实绿化机具补贴政策

续表

年　份	政策名称	政策概要
2012	《土地复垦条例实施办法》	采矿项目发生重大内容变化的，应当在3个月内对原土地复垦方案进行修改
2013	《矿山地质环境恢复治理专项资金管理办法》	治理专项资金支出范围、预算管理、财务管理、监督检查
2013	《矿山生态环境保护与恢复治理技术规范（试行）》	采用新技术、新方法、新工艺提高矿山生态环境保护和恢复治理水平
2014	《地质环境监测管理办法》	加强地质环境监测管理，规范地质环境监测行为
2015	《历史遗留工矿废弃地复垦利用试点管理办法》	工矿废弃地复垦利用
2016	《关于加强矿山地质环境恢复和综合治理的指导意见》	历史遗留"新老问题"解决，构建政府、企业、社会共同参与的保护与治理新机制
2017	《全国国土规划纲要（2016—2030年）》	历史遗留矿山综合整治，工矿废弃地复垦，到2030年历史遗留矿山综合治理率达到60%以上
2017	《关于加快建设绿色矿山的实施意见》	绿色矿山、生态文明、矿业转型
2018	《乡村振兴战略规划（2018—2022年）》	加强生态修复和损毁山体、矿山废弃地修复
2018	《非金属矿行业绿色矿山建设规范》	国家绿色矿山建设行业标准
2019	《矿山地质环境保护规定（2019年修正）》	谁开发谁保护、谁破坏谁治理、谁投资谁收益
2019	《土地复垦条例实施办法（2019年修正）》	采矿生产项目的土地复垦费用预存，统一纳入矿山地质环境治理恢复基金进行管理
2019	《自然资源部关于探索利用市场化方式推进矿山生态修复的意见》	构建多元共同参与治理体系，市场化运作，加快矿山生态修复
2020	《中共中央国务院关于构建更加完善的要素市场化配置体制机制的意见》	探索建立全国性的建设用地，补充耕地指标跨区域交易机制

梳理国家历年来有关矿山废弃地生态修复的政策发现，国家围绕矿山开发、土地使用、矿山治理的政策具有以下几个阶段性特点。

（1）1988年以前，基于国家经济政策和发展要求，我国矿山主要是以开发为主，矿山资源需求巨大，成为工业发展粮食，矿山开采场地不恢复、矿山尾料不处理是当时矿山开采常态；无土地复垦费制度，界定为无主体矿山损毁的面积据2011年《土地复垦条例》颁布时统计约为1亿亩。

（2）1989年至2004年，土地复垦政策实施后，国家采取边开发边适当进行土地复垦的措施。

（3）2004年至2009年，矿山地质灾害频发，国家强化了矿山地质灾害治理。

（4）2009年至2020年，国家相继出台法规，《土地复垦条例》明确历史遗留矿山废弃地由地方政府承担，该条例第33条提出投资方可以享有复垦土地使用权和收益权。原国土资源部 2015 年 1 号文件《历史遗留工矿废弃地复垦利用试点管理办法》明确规定工矿废弃地生态修复、土地复垦的制度政策，试点占补平衡的建设用地，为工矿废弃地治理的价值路径提供了政策保证，转化流程如图 3-4 所示。2016 年发布的《关于加强矿山地质环境恢复和综合治理的指导意见》明确提出开发补偿保护的经济机制；针对历史遗留环境问题，探索利用 PPP 模式、鼓励第三方治理，坚持谁治理谁受益，推动历史遗留矿山废弃地治理。在《国土资源“十三五”规划纲要》中，矿山废弃地治理成为“山水林田湖生态工程”的一部分，计划治理历史遗留矿山面积 750 万亩，历史遗留损毁地复垦率达 45%。2019 年，利用市场化方式推进矿山修复方式启动，从政策层面对历史遗留矿山现状、实施办法、实施方式、监管等方面进行具体说明，推动政府主导、社会资本参与的市场化治理之路。2020 年，《中共中央国务院关于构建更加完善的要素市场化配置体制机制的意见》出台，提出“探索建立全国性的建设用地、补充耕地指标跨区域交易机制。”

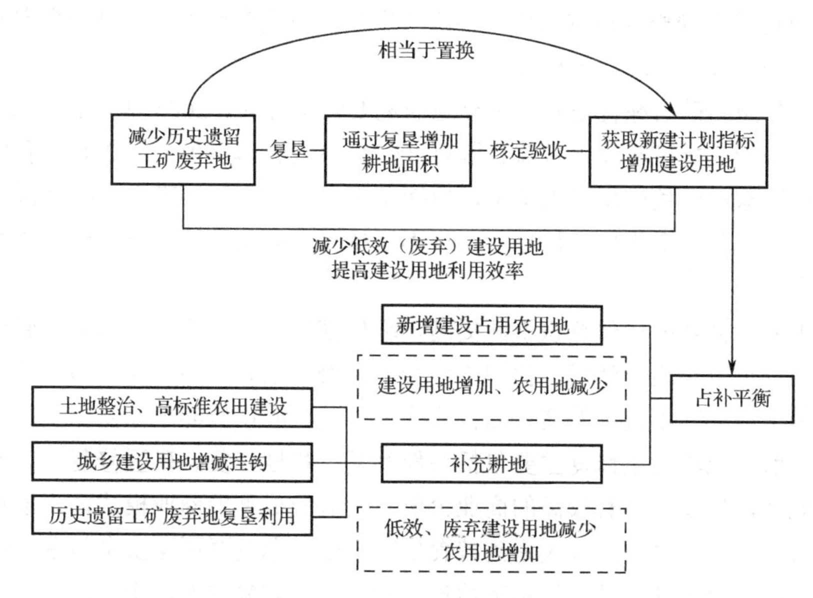

图 3-4 历史遗留工矿废弃地治理价值路径转化流程

（5）2020 年以后，国家关于要素市场化配置的文件，为矿山废弃地污染土地生产要素从环境负债转化为可利用的建设用地、耕地提供机制和政策保障。尤其是将矿山废弃地污染土地复垦成可建设用地，并可调整到异地使用，会带来沿海发达区域与中西部欠发达地区矿山废弃地协同治理的市场动力，可以实现城市建设用地指标需求、矿山地区发展的资金需求。可以有力缓解矿山废弃地治理存在的资金难、治理动力不足、治理价值转化难等痛点问题。

随着生态文明建设进一步受到重视并被写入宪法，随着山水林田湖草生态保护和修复工程全面推进，尽管我国还没有形成统一的山水林田湖草生态保护和修复相关的政策法规，但生态文明建设已经是国家发展根本大计，绿水青山是民众对于美好生活的追求，生态修复已成为全民共识。

3.2.3 矿山废弃地生态修复发展状况

矿山环境遥感监测结果显示，截至2018年，矿产资源开采面积约362万公顷，其中有230万公顷责任人历史灭失，损毁土地5400万亩，其中历史遗留矿山废弃地占比63%。我国目前约有80万座矿山，其中50%都面临环境修复这一课题，地质环境治理任重道远。全国恢复治理率约28.75%，共计92万公顷。2018年治理矿山废弃地面积约1.61万公顷，治理矿山总数为6268个。截至2018年末，我国矿山地质环境治理资金超过1000亿元，其中，中央财政资金超过300亿元，企业和地方财政资金约700亿元；各级矿山环境治理保证金共缴存612亿元，但与估算4万亿的保守修复成本相比，各级政府在矿山废弃地生态修复资金方面的压力可见一斑，探索市场治理模式势在必行。

矿山公园和矿山绿化是矿山废弃地的重要转型方向。2005年，首批28个国家级矿山公园被批准建设，目前我国有88个矿山公园。2013年3月，我国公布了第一批国家级绿色矿山试点单位，后续又推进四批，总共确定661家国家级绿色矿山试点单位。矿山废弃地修复工作不断推进，矿山公园和绿色矿山的规模也不断扩大。

近年来，公众的环保意识不断提高，环保部门也在逐步出台和完善矿山生态修复的相关法律法规。然而，我国矿山废弃地修复治理起步较晚，高昂的环境治理费用和不成熟、不完善的商业回报模式使得我国矿山废弃地修复相关产业发展缓慢。当前，土壤污染修复主要包括场地修复、耕地修复、矿区修复。场地修复大多在城区，修复后具有较高的商业价值，具有较成型的商业模式，市场和技术都较为成熟。耕地修复直接关系到粮食生产安全问题甚至国家安全问题，因此更多采用政府力量推动，且多为示范治理工程。矿区修复方面，由于矿区选址一般比较偏远，且生态破坏严重，矿山开采对土壤环境的破坏具有隐蔽性、长期性等特点，加上由于历史原因缓慢积累、产生不可逆性，因此矿山废弃地治理与修复需要寻找更好的模式。《关于加强矿山地质环境恢复和综合治理的指导意见》的出台对治理主体、治理模式探索都提出了具体的意见，为PPP模式、第三方治理模式提供了政策保障。尽管国家政策相继出台，但在矿山废弃地生态修复实际操作中也还存在政策使用范围受限、政策力度不足、激励程度不够、政府投资难落实等政策缺陷，因此在一定程度上影响矿山废弃地治理进程、影响社会资本投资的积极性。

各地方政府应承担起应有的责任，提高标准，在强化落实《全国矿产资源规划（2021—2025 年）》精神和指示的基础上，重视矿山废弃地治理，并将其置于重要位置，有规划、科学合理地安排矿山废弃地治理工作。地方政府应结合自身特色进行第三方治理的积极探索，如天津蓟州区关闭了 8 个废弃矿山，筹集到社会资本 10 亿元，将其改造成特色小镇和休闲公园。重庆铜锣山废弃矿争取 2000 万元综合治理资金进行废弃地土地复垦，修复成可利用林地、建设用地、高标准农田、景观用地 4 类用地，同时进行旅游开发，把矿山废弃地打造成待开发的新资源。再利用重庆的地票市场进行土地建设指标流转，很快实现了投资收益。

在本研究中，以赣南稀土矿为例介绍赣南废弃稀土矿环境治理现状。

赣南稀土矿集中，凭借资源优势，江西赣州成为国内中重型稀土主要产出地。但受限于早期的开采技术水平，开采方式主要采用搬山式堆浸、池浸等，通过粗暴砍树除草、搬山浸泡取出稀土，对生态环境造成了严重损伤，造成了不可逆的生态破坏。2006 年后，赣州市全面禁止落后的池浸、堆浸工艺，推广原地浸矿工艺。相较于搬山式堆浸、池浸方式，原地浸矿工艺更加绿色环保。2016 年，赣州市研发了绿色无铵稀土开采提取工艺，把稀土开采过程中对生态环境的破坏控制到较低水平。同时，赣州还积极推进稀土矿山废弃地治理，2012 年赣州获批原中央苏区振兴发展战略，针对生态修复项目资金需求较大的问题，利用特殊政策，赣州市向中央积极争取资金支持，整理申报了一批稀土矿山废弃地生态环境治理项目，获得国家资金 8.5 亿元。同时，通过合理规划、安排山水林田湖草生态保护修复试点，得到中央基础奖励补贴资金 20 亿元，其中稀土矿山废弃地环境治理工作分配资金 3.5 亿元，赣州市及各县级单位累计投入资金 5 亿多元。遵照“谁治理，谁受益”的原则，鼓励社会资本参与生态环境治理项目。截至 2018 年，全市累计完成稀土矿山废弃地治理面积 91.27 平方公里，矿区植被覆盖率由治理前的 4%提高到 70%以上，取得了较好的修复治理效果。例如，信丰县将原有的稀土矿山废弃地发展成为脐橙、杨梅生态果园；定南县则在废弃地的基础上搭建蔬菜基地；寻乌县另辟蹊径，建起了光伏发电场；安远、大余、定南、龙南县建立工业园，开发工业建设用地 1.05 万亩，取得了良好的生态、经济和社会效益。历史遗留的稀土矿山废弃地环境问题得到基本解决，形成“赣州模式”。赣州作为矿业大市、稀土王国、世界钨都，矿山废弃地治理任务非常重，目前正在探索矿山废弃地修复的约束奖励机制，希望能建立政府专项基金。对于重大项目或者治理难度大且很难获得市场收益的项目，专项基金可以适当倾斜，以便更好地推动矿山废弃地的生态修复。

3.2.4 国外矿山废弃地生态修复经验

美国矿山废弃地的生态修复工作起步较早，自2006年起平均每年登记美国矿业棕地38700个，已经修复完成11.7万个，复垦100万英亩。工业污染修复从法律、法规、治理主体、转向资金等方面都安排有序。生态修复工作主要包括土壤修复、水体修复、植被修复三个方面。

澳大利亚作为重要的矿产资源生产国和出口国，被称为“坐在矿车上的国家”，提倡“生态立国”。为保证因采矿破坏的矿山环境得到有效恢复，澳大利亚矿业部门与环保部门制定了相关的法律条例和管理制度。当前，澳大利亚的矿山恢复治理成效显著，已经取得令人瞩目的成绩，目前已形成以高科技主导、多专业联合、综合性治理开发为特点的土地复垦模式。

加拿大矿业生态修复贯穿矿业全过程，采取的措施包括开采前提交完整的复垦计划，根据可持续发展情况进行严格的项目评选；从销售收入中提取复垦基金；进行矿山信息化动态管理、动态修复。

德国是世界上煤炭消费大国之一，拥有丰富的煤炭资源，长期以来因开采煤矿产生了大量的尾矿和开采塌陷区，给环境带来了巨大的破坏。从19世纪20年代开始，德国便致力于治理矿山废弃地，修护生态环境，也取得了显著成果。国外的相关探索为我国矿山废弃地修复提供了宝贵的经验。这几个发达国家矿山废弃地生态修复的主要做法如表3-3所示。

表3-3 发达国家矿山废弃地生态修复做法

国家	修复理念/成绩	主要做法
美国	矿业棕地修复完成11.7万个，复垦100万英亩	完善的土地复垦政策保障。从联邦政府到各州都有《复垦法案》，内政部主管全国矿山复垦，矿业、土地、环境署协同。保证金、矿山土地复垦基金是重要保障。具体如下： 1. 超级基金（NPL）优先清理项目2000个，年预算13亿美元； 2.《资源保护和回收法（RCRA）》修复设施3747个，预算600亿美元； 3. 地下储罐（UST）9万个； 4. 国防部（DOD）负责3万个污染场地； 5. 能源部（DOE）负责3万个污染场地； 6. 废弃矿山场地，约3.5万个，各州负责治理

续表

澳大利亚	重要的矿产资源生产国和出口国；坐在矿车上的国家；生态立国	1．完备的环境保护体系：中央主导法律框架，各州另立法规； 2．生态修复全过程监管，建立 3S+N 评估监测体系； 3．公众、相关权利人等深度参与； 4．灵活的保证金、风险金； 5．企业科技生态修复、科研应用：矿企与科研机构深度合作，矿山科研经费充足
加拿大	矿业大国，立足矿业可持续发展	1．完善的矿业全过程管理，全面复垦计划； 2．严格的评审制度：筛选、调解、综合审查、特别小组审查； 3．复垦金、保证金； 4．废弃矿山信息化动态管理：动态监管、动态治理
德国	生态重建是采矿活动的组成	1．景观重建法律体系：《联邦矿产法》《联邦自然保护法》； 2．规划手段：国家层面、产业、矿山企业开采前层层做好规划，开采前完成景观重建计划； 3．技术手段：开采技术手段保证

3.2.5　国内矿山废弃地生态修复经验

（1）云南磷化矿区复垦变成生态园。

云南磷化集团 2005 年制定并实施了《矿山植被恢复建设项目总体规划》，大力推进矿山土地复垦、植被恢复及地质环境治理等工作，形成了昆阳磷矿震旦地质生态园、海口磷矿森林湖生态园及晋宁磷矿土地复垦植被区内的“千亩农田改造工程”等生态园。磷化集团创建了企业与当地汉营村共同建设、共同分享绿色成果的“汉营模式”。支付磷矿开采“反哺费”约 4260 万元；扶持当地矿山企业建设绿色矿山，安排社会和地方从业人员达 3200 多人，总计支付费用达 2.7 亿元；出资 4650 万元建设湿地公园；共建国际文化节、城镇生态园等弘扬文化的工程，履行社会责任，共享绿色成果。昆阳磷矿区以“企业自主投入+国家项目补贴”的方式对矿区地质环境进行土地复垦，建设生态公园，恢复植被。累计造林达 1.2 万多亩，植草近 8000 亩。被中国矿业联合会评为全国首批绿色矿山建设示范单位。其中昆阳磷矿区通过实施工业反哺农业、生态环境建设、扶持集体经济、提供劳务和就业、赞助补偿、开展企地文化交流、全面建立沟通协调机制等措施，创建了“和谐与绿色”矿区生态。

（2）新矿集团翟镇煤矿生态园

翟镇煤矿主要利用“技术开采+生态修复”方式进行治理：通过增建立体化煤泥场，提高煤炭储存能力，实现了煤炭不落地；安装智能自动洒水装置从源头防尘、降尘、减少污染，推动实行美化、绿化工程，矿区绿化覆盖率达 70%以上；

通过改造塌陷区进行塌陷区综合整治，将塌陷区改造成集种植养殖、娱乐餐饮、观光旅游于一体的生态园，推动社会、经济、资源、生态效益四效统一。生态园治理模式及效果如表 3-4 所示。

表 3-4　生态园治理模式及效果

生态园名称	地　区	矿　种	治 理 模 式	治 理 效 果
云南磷化矿区复垦变成生态园	云南省	磷矿	汉营模式，企业与当地汉营村共同建设； 企业自主投入+国家项目补贴	迈入资源节约、生态文明、综合利用的绿色矿山发展道路； 有效恢复矿区生态，提高村民就业
新矿集团翟镇煤矿生态园	山东省	煤矿	技术开采+生态修复	矿区 70%绿化覆盖率，绿色社区

从国内外的矿山废弃地治理经验和实践可以发现，一方面要强化现有政策的执行力度，不再新增矿山土地破坏。针对现有的矿山废弃地，不断完善“谁治理谁受益”的激励机制，允许将历史遗留废弃地进行商业开发，政府进行合理补偿，落实政府投入资金，甚至建立国家修复专项基金，补偿复垦修复税费，激励社会资本积极投入矿山废弃地治理。另一方面，积极进行矿山废弃地大数据应用，将智慧矿山治理、动态监管、动态补偿、动态指标交换等手段应用于矿山废弃地治理。矿山废弃地将成为我国城镇化建设的重要建设用地来源，矿山废弃地治理也会极力推动国家生态文明建设，成为后疫情时代绿色经济发展的重要推动力。

3.3　矿山废弃地治理的价值路径

对矿山废弃地置之不理会带来巨大的环境问题，也是矿区和当地社会的沉重负担。研究通过梳理国内外矿山废弃地治理经验和效果发现，矿山废弃地隐藏着巨大的开发空间，通过对国家矿山废弃地治理政策的梳理、对国内外矿山废弃地治理经验的分析可以得出，矿山废弃地在政府主导、政策支持和社会资本参与下，可以实现从环境负债复垦转化为可利用资源，再通过市场流转提升为资产或者资本，使矿山废弃地具有三重属性，对矿山废弃地从环境负债转化为资产提供了价值路径。

对于矿山废弃地，首先要通过产权分析，界定土地复垦所有权，然后分析废弃地所在的环境现状、区位条件，从而对矿山废弃地进行产业定位和产业规划。通过政府、社会资本的开发型治理，结合矿山废弃地的转化能力（如发展旅游业、农业果业，建设遗迹公园、地质科普园、国家安全应急救援综合训练基地）将矿山废弃地转化为可开发资源，提升废弃地价值，优化区位条件。继续进行产业规划和商业运营，使其转化为生态资本。通过国家的土地政策、用地支持的鼓励政策，最终实现企业的投资收益、矿区的生态升值。矿山废弃地生态治理由环境负债转化为资本的价值路径如图 3-5 所示。

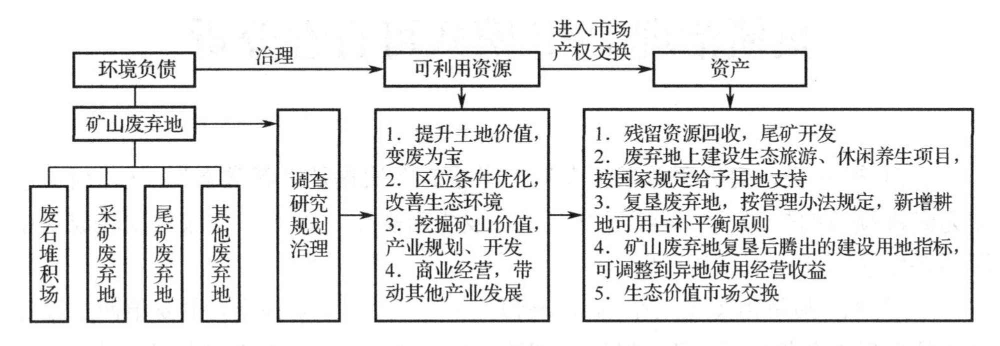

图 3-5　矿山废弃地生态治理由环境负债转化为资本的价值路径

3.4　本章小结

本章首先对矿山废弃地的定义、特点、影响等进行了概述。矿山废弃地对生态、经济的影响很大，矿山废弃地的生态修复既符合生态文明建设的目标，也是国家土地复垦、进行建设用地增补的重要途径。综上，我国矿山废弃地生态修复经历了开发、复垦、地质灾害治理、地质环境责任认定、多元化治理等多个阶段。本章梳理了我国矿山废弃地生态修复进展，在借鉴国内外矿山废弃地生态修复经验的基础上，提炼出矿山废弃地生态修复的价值路径。通过修复矿山废弃地可以将环境负债转化为可利用资源，最后采取市场交易形式将其转变为资产或者资本。

第4章　环保PPP项目现状及矿山或有环境负债治理PPP模式可行性分析

2014年5月，习近平总书记在河南考察时首次提及“新常态”，从此新常态成为经济领域的热词。中国经济发展正在发生新变化，高质量和绿色发展成为中国经济发展的新动力和新引擎。

“新常态”最早由美国太平洋基金管理公司总裁埃里安提出，主要指西方发达经济体在经济危机之后，经济发展长期陷入低谷期、失业率普遍增加的状态。1997年亚洲金融危机，东南亚国家经济遭受重大挫折，出现经济增长疲软、经济泡沫等状况，“新常态”被借用到描述当时的东南亚经济。从2012年起，我国高速的经济增长速度出现拐点，GDP增速从8%开始稳步下降。

我国从政府层面提出“新常态”，主要有国际和国内两方面深层次的原因。

国际方面，我国从2001年加入WTO后，经济发展进入高速增长期，伴随经济全球化发展，我国经济发展的对外依存度急剧增加。从1978年的对外依存度不足10%，到2006年达到峰值66%，我国经济的发展受全球经济变动的影响越来越大。2008年全球金融危机爆发，世界经济发展陷入低谷，支撑中国经济发展30年的外部需求常态萎缩。与此同时，美、德等发达国家重点提出“再工业化”，回归实体经济，重点发展信息、生物、环保等新兴战略产业，世界经济格局从工业化向全面信息化发展过程中出现重大结构调整，世界各国都在实施制造业振兴和回归战略，作为中国经济发展推动因素之一的外部需求逐渐减弱已成为一种常态化趋势。

国内方面，2010年我国经济发展规模首次超过日本，成为世界第二大经济体，进入上中等收入国家行列，面临着“中等收入陷阱”风险。与此同时，经济发展也伴随生产效率较低、资源约束日益增强、创新能力不足等结构问题。为避免出现经济与社会、城乡、地区、收入分配等结构失衡，需要准确研究判断新阶段的特征，重新定位，实现转型升级。2012年，中国GDP结束了近20年来10%左右的高速增长，经济发展进入中速发展调整期。大规模产能过剩、4万亿投资还处于前期刺激政策消化期，中国经济进入“三期叠加”的特殊阶段，中国经济从强调发展速度进入重视质量和结构的发展阶段，发展深层次问题的解决是目前中国经济发展的重要方面，也是经济新常态的一个内在原因。

因此，国家在全面判断国外经济增长周期、国内经济发展阶段性特征的基础上，综合我国的战略任务和发展目标，做出“新常态”判断。习近平总书记在 2014 年亚太经合组织工商领导人峰会上指出，中国经济呈现出新常态，有几个主要特点：一是从高速增长转为中高速增长。二是经济结构不断优化升级，第三产业消费需求逐步成为主体，城乡区域差距逐步缩小，居民收入占比上升，发展成果惠及更广大民众。三是从要素驱动、投资驱动转向创新驱动。

2020 年，中国经济遭遇新冠肺炎“黑天鹅”，即便是在经济复苏十分艰难、全球经济衰退的宏观背景下，坚持中国经济高质量发展、经济发展与生态保护同步仍然是国家顶层规划。2020 年是改革开放以来第四个未制定具体 GDP 增长目标的年份，这也进一步表明经济发展不仅有高速增长，也有低速甚至负增长的状态。

2020 年新冠疫情、南极西瓜雪、极端气候频繁出现等事件表明，人类世界面临大自然的报复，在经济发展的过程中我们也需要遵循自然发展规律，探寻可持续的经济发展和生态保护协同的模式。联合国 2030 年可持续发展目标期限将至，低碳、生态的经济新常态应成为每个国家的新目标。

总之，“新常态”一词由描述西方经济危机后的整体经济停滞兴起，借用在我国发展过程中结构方式调整和转变、兼顾速度和质量再优化再平衡的经济新阶段。后疫情时代将会开启全世界绿色经济、低碳经济发展新常态。而绿色经济的一个重要特征就是环境友好、绿色生态产品的更多产出，由此本书界定“新常态”为：经济增长速度趋缓（低增长甚至负增长）、经济高质量内生性发展、环境生态友好协同发展，即经济高质量发展和生态文明协同并行的发展状态。

在环保攻坚战略下，政府、行业企业内部分化。2014 年《国务院关于加强地方政府性债务管理的意见》结束了地方政府传统的融资平台和融资模式，警示政府进行债务风险管理。地方政府一方面存在资金短缺问题，另一方面由于传统融资平台被划拨出去，政府需要承担以往投资、兜底的债务压力。同时民营企业也存在较大的资金压力。在这样的背景下，如何通过绿色金融体系充分调动金融机构的积极性，更好地化解民营企业的融资困境和压力，成为当前社会、金融机构和民营企业关注的重要问题之一。在此背景下，我国各地迅速推出 PPP 建设项目，PPP 模式成为一种行之有效的新型融资和管理模式，并被广泛应用于公共服务、市政工程、生态环保等领域，2015 年也成为 PPP 元年。

环境治理和修复等绿色项目具有典型的公益性特征，投资需求大，项目运营和投资回收周期长，长期以来主要依赖公共财政投入。在财政去杠杆不断深化、政府严控债务规模的背景下，绿色发展“拥抱”PPP 模式将成为必然选择。截至

2019 年 6 月底，财政部 PPP 中心入库 1.2592 万个 PPP 项目，项目总投资 17.68 万亿元。其中，项目管理库共有 PPP 项目 8979 个。使用者付费类项目累计投资额占 9.1%、可行性缺口补助类占 66.2%、政府付费类占 24.7%。在已明晰社会资本性质的 5747 个落地项目中，共有 10187 个社会资本参与，其中民企占 34.8%。以民资背景为基础的 PPP 落地项目共计 2502 个，占社会资本所有制信息完善落地项目的 43.5%，累计投资 2.9 万亿元。

4.1 我国环保 PPP 项目应用现状

4.1.1 环保 PPP 项目应用规模

环保 PPP 项目主要包括综合治理、湿地保护、污水处理、垃圾处理、垃圾发电、生物质能和其他 7 类项目。截止到 2019 年底，全国 PPP 综合信息平台入库 3196 个环保 PPP 项目，占该平台 PPP 项目总数的 20.37%，环保 PPP 项目投资总额为 1.97 万亿元，位列国家 PPP 项目的第四位。2017 年的项目数量和投资规模达到峰值，2018 年后受 PPP 项目和政策双重收紧的影响，环保 PPP 项目逐渐遭遇困难。有稳定收益回报的污水处理项目最多，占比高达 43%；综合治理项目投资额度高，截至 2019 年底，投资治理资金高达 1 万亿元；废弃矿山生态综合治理项目偏少；超过 50%的项目在执行阶段。2020 年，国家在经济不确定性风险增加、全球经济衰退的背景下仍然坚持推进污染防治攻坚战、严抓生态环保督察、推动生态环境 PPP 项目精准施策。“十四五”期间全国的环保 PPP 入库项目将进入新的推动阶段。

依据财政部 PPP 项目合作清单，截至 2019 年底，整理各省（市、自治区）环保 PPP 项目数（见表 4-1）及各省（市、自治区）环保 PPP 项目投资额占 PPP 项目总投资额比例情况（见图 4-1）。项目主要分布在 31 个省（市、自治区），主要以综合治理等项目居多，包括垃圾处理、污水处理、垃圾焚烧发电、地下管廊、餐厨垃圾处理等细分领域。社会资本更多地倾向有稳定利润回报、有收费机制的生态项目，缺乏稳定利润回报的矿山废弃地生态修复项目不多，而且还是以综合治理的方式进行捆绑治理。从省域环保 PPP 项目数量看，河南（119 个）、广东（99 个）、安徽（66 个）、云南（62 个）、湖北（61 个）位居环保 PPP 项目数的前五名，合计占入库项目总数的 44.05%。从环保 PPP 项目投资金额看，河南、湖北等省的生态环保项目投资总额超过千亿元。从 PPP 项目平均投资额看，吉林以平均项目投资额 39.27 亿元/项领跑全国。从区域层面观察看，长江经济带（上海、江苏、浙江、安徽、江西、湖北、湖南、重庆、四川、云南、贵州）在全国环保 PPP 入库数量（占比 36.04%）、投资金额（46.89%）方面占据半壁江山，这与长江经济带

11 省（市）财政支付能力有比较大的关联；其次是黄河流域 9 省区（青海、四川、甘肃、宁夏、内蒙古、陕西、山西、河南、山东）以入库数量 311 个（占全国生态环境 PPP 项目入库数量的 33.66%）、投资金额 3.25 千亿元（占全国生态环境 PPP 项目投资规模的 32.56%）处于区域第二集团，河南省处于黄河流域环保 PPP 项目数的榜首。

表 4-1　各省（市、自治区）环保 PPP 项目数

省（市、自治区）	环保 PPP 项目数	环保 PPP 项目投资金额/亿元	总 PPP 项目数	占　　比
贵州省	54	438.47	516	10.46%
安徽省	66	597.28	477	13.84
甘肃省	5	23.97	124	4.03%
新疆维吾尔自治区	18	138.83	401	4.49%
浙江省	21	133.84	514	4.09%
青海省	4	18.98	39	10.26%
内蒙古	16	228.73	283	5.65%
云南省	62	713.14	482	12.86%
河北省	35	526.78	392	8.93%
福建省	29	314.62	351	8.26%
河南省	119	1313.42	753	15.80%
四川省	40	569.32	559	7.16%
宁夏回族自治区	3	33.96	47	6.38%
陕西省	32	288.65	282	11.35%
湖北省	61	1228.52	418	14.59%
海南省	5	38.95	96	5.21%
江苏省	18	338.59	400	4.50%
广西壮族自治区	29	274.67	206	14.08%
辽宁省	9	92.89	185	4.86%
吉林省	16	628.25	173	9.25%
黑龙江省	6	24.97	107	5.61%
山东省	59	591.29	768	7.68%
江西省	21	282.66	358	5.87%
湖南省	34	216.74	420	8.10%
天津市	0	0	49	0.00%
广东省	99	449.46	519	19.08%

续表

省（市、自治区）	环保 PPP 项目数	环保 PPP 项目投资金额/亿元	总 PPP 项目数	占　比
北京市	11	130.84	70	15.71%
山西省	33	183.78	397	8.31%
上海市	1	2.59	5	20%
重庆市	17	161.81	43	39.53%
西藏自治区	1	2.00	2	50%
合计	924	9988	9436	9.79%

数据来源：财政部政府和社会资本合作中心（数据截止到 2019 年底）

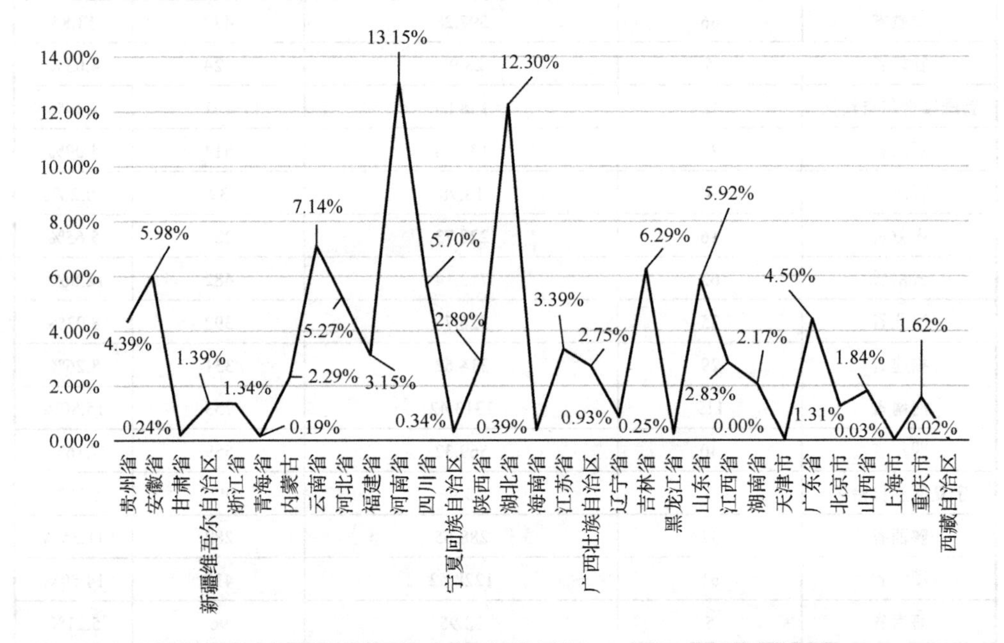

图 4-1　各省区环保 PPP 项目投资额占 PPP 项目总投资额比例

由图 4-1 可知，在环保 PPP 项目投资额中占比较高的是河南省和湖北省，分别为 13.15%、12.30%。天津市、上海市和西藏自治区占比最低，均不足 1%。对比财政部四批 PPP 项目数据发现：从第二批发布的项目开始，环保领域的 PPP 项目数量明显增加。据全国工商联环境商会统计数据显示，环保 PPP 项目数量占现行 PPP 项目总数比达到 44%，投资额占比达到 22%。由此可见，环保 PPP 项目已成为 PPP 项目各模式中的“后起之秀”。截至 2019 年 12 月，进入财政部政府和社会资本合作中心的各省环保 PPP 项目数量达到 924 个，项目领域多集中在垃圾处理、污水处理、海绵城市、管网建设、生态建设等方面。财政部环保 PPP 项目统计显示，大气污染治理投入超过 360 亿元，水污染治理投入超过 400 亿元，而针对修复难度更大、治理更难的土壤修复，有更加庞大的潜在市场需求。就单个项目来说，江西鄱阳湖生态治理 PPP 项目投资高达 125 亿元，云南大理洱海污染治理 PPP 项目投资高达 30 亿元，投资金额比较大。从省域角度看，河南、广东、安徽三省环保 PPP 项目数位居前三名，占全国环保 PPP 项目数的 30.74%，地域应用环保 PPP 项目具有典型性和代表性。从环保 PPP 项目周期来看，目前全国进入识别阶段、准备阶段、采购阶段和执行阶段的项目分别为 188 项、110 项、170 项和 456 项，占比分别为 20.35%、11.90%、18.40%和 49.35%。财政部 PPP 项目数据显示，目前环保 PPP 项目尽管遭遇困难，但还是处于稳定推进状态，项目落地率处于良性状态。具体统计如表 4-2 所示。

表 4-2　全国各省（市、自治区）环保 PPP 入库项目周期统计

省(市、自治区)	识别阶段	准备阶段	采购阶段	执行阶段	总计
北京	4	—	—	7	11
天津	—	—	—	—	—
河北	6	3	10	16	35
山西	4	6	15	8	33
内蒙古	6	—	2	8	16
辽宁	2	2	3	2	9
吉林	—	2	6	8	16
黑龙江	—	3	—	3	6
上海	1	—	—	—	1
江苏	6	2	5	5	18
浙江	3	3	4	11	21
安徽	—	9	4	53	66
福建	6	2	3	18	29
江西	5	2	6	8	21
山东	14	7	13	25	59
河南	40	12	19	48	119
湖北	20	8	12	21	61
湖南	1	5	12	16	29
广东	1	1	—	97	99
广西	6	3	7	13	29
海南	2	1	1	1	5
重庆	7	4	3	3	17

续表

省(市、自治区)	识别阶段	准备阶段	采购阶段	执行阶段	总计
四川	16	7	9	8	40
贵州	24	6	9	15	54
云南	2	18	12	30	62
陕西	6	3	4	19	32
甘肃	—	1	4	—	5

数据来源：财政部政府和社会资本合作中心

4.1.2 环保 PPP 项目分类

环保 PPP 项目涉及污水处理、综合治理、垃圾处理、湿地保护、垃圾发电、生物质能等行业，分属生态建设和环境保护、市政工程、能源三大领域。截至 2019 年年底，梳理发现占比最高的三个行业分别是污水处理、综合治理和垃圾处理，占比约为 47.08%、25.00%、16.88%，占总体的 89%左右。原因在于，我国要求在污水处理和垃圾处理这两个领域强制采用 PPP 模式。数量汇总情况如图 4-2 所示。

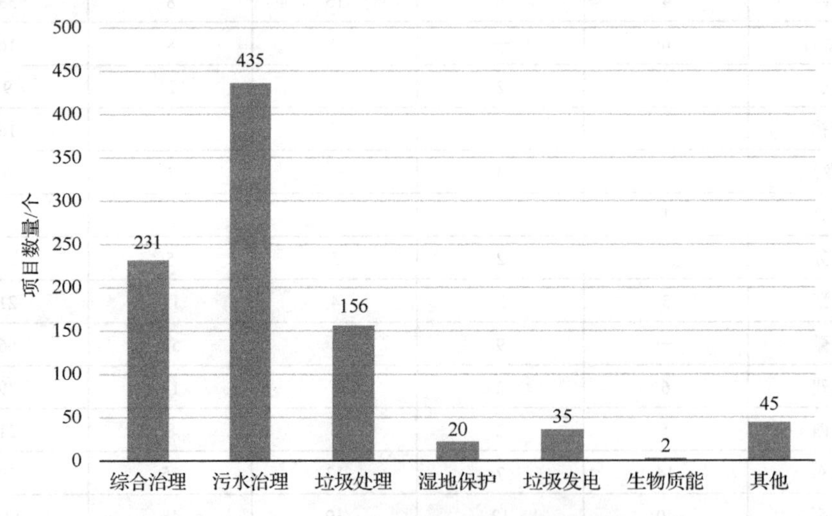

图 4-2 环保 PPP 项目各行业入库项目数量

（数据来源：财政部政府和社会资本合作中心，中国环保产业研究院）

从投资额来看，综合治理、污水处理和垃圾处理位列前三名，投资金额分别为 10288.69 亿元、5180.56 亿元和 1567.61 亿元，占比分别为 52%、26%和 8%，合计占总投资额的 87%左右（见图 4-3）。通过对比发现，投资额占比与项目数量占比并不一致。如海绵城市和湿地保护项目数量并不多，但是其单个项目的投资金额较高，说明环保 PPP 项目数量和投资金额并不成比例。

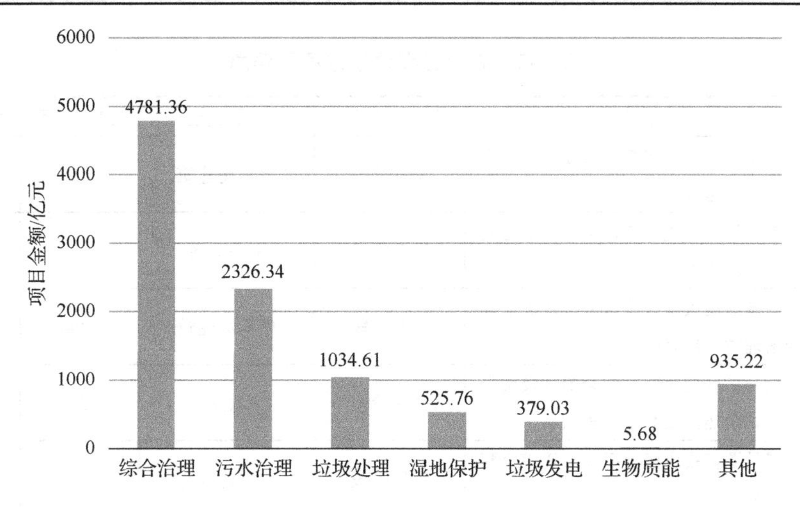

图 4-3　环保 PPP 项目各行业入库项目投资额汇总情况

（数据来源：财政部政府和社会资本合作中心，中国环保产业研究院）

环保 PPP 项目生命周期分为识别、准备、采购、执行四个阶段。目前大多项目处于执行阶段，项目数量高达 593 个。相比其他领域 PPP 项目，环保领域处于执行阶段的项目数量要远高于处于采购阶段的项目数量，这说明“十三五”以来我国最严环保规制加速了环保 PPP 项目落地。各阶段项目数量分布情况如图 4-4 所示。

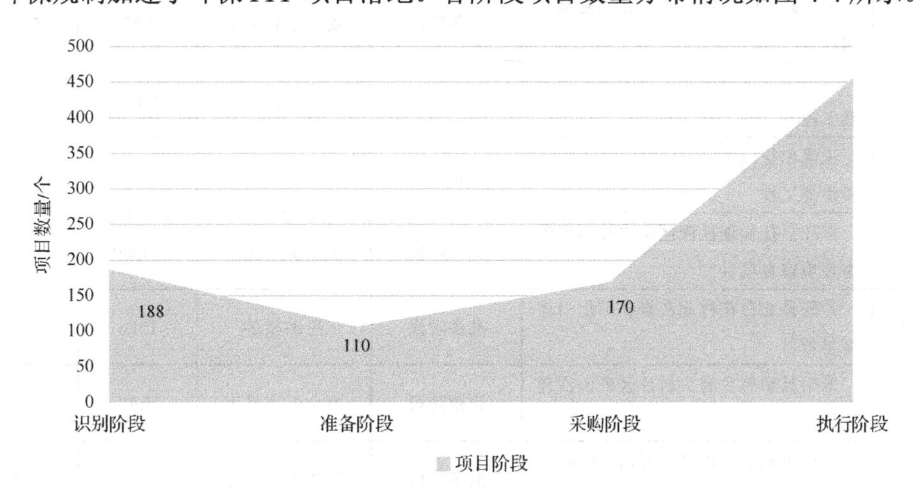

图 4-4　各阶段项目数量分布

（数据来源：财政部政府和社会资本合作中心，中国环保产业研究院）

4.1.3　矿山或有环境负债治理 PPP 模式应用分析

通过各类 PPP 数据平台，研究整理出与矿山废弃地治理相关的项目共计 27 个，具体项目信息如表 4-3 所示。

表4-3　矿山废弃地治理项目信息

地　区	项 目 名 称	项目具体阶段	项目类型	金额/万元	发布时间
四川	凉山州土地矿权交易大厅地质灾害防治应急指挥中心项目	采购阶段	停车场建筑	6000	2017.12
陕西	铜川遇仙谷废弃矿山区域生态修复与水土流失综合治理项目	准备阶段	生态旅游	6000	2018.1
山西	中国地质大学（北京）山西矿山综合治理技术研究中心项目	执行阶段	停车场建筑	7000	2018.2
内蒙古	白云矿区燃煤锅炉综合治理及宝山热电站余热回收利用工程项目	准备阶段	市政交通	4500	2018.3
河南	淇县源信投资废弃矿山环境综合整治项目	识别阶段	生态旅游	35000	2018.3
湖南	冷水江锡矿山北矿区土壤表层综合治理项目	准备阶段	农林水利环保	1600.9	2018.5
宁夏	泾源县三关口矿山地质环境治理项目	准备阶段	冶金矿产重工	3000	2018.6
山西	浑源百川矿山生态环境恢复治理项目工程	准备阶段	冶金矿产重工	4000	2018.7
山东	沂南县 2018 年工矿废弃地复垦利用项目	准备阶段	农林水利环保	600	2018.7
山东	费县国土资源局三个村废弃矿山治理工程	准备阶段	生态旅游	5000	2018.7
云南	玉溪市抚仙湖星云湖径流区矿山环境治理工程	准备阶段	生态旅游	7625	2018.7
云南	澄江县抚仙湖径流区山水林田湖生态环境修复项目	执行阶段	冶金矿产重工	50000	2018.8
河北	井陉县北白花村北灰岩矿矿山治理恢复项目	准备阶段	生态旅游	1326	2018.8
山西	寿阳县解愁乡赛头村片区矿山治理工程	识别阶段	冶金矿产重工	未知	2018.8
安徽	安庆市集贤关矿区桃园治理区矿山治理工程	准备阶段	农林水利环保	2000	2018.8
宁夏	石嘴山市石炭井李家沟煤矿矿山治理项目	执行阶段	冶金矿产重工	未知	2018.8
山东	莱芜市寨里东鱼池石灰岩矿矿山治理工程	准备阶段	生态旅游	400	2018.8
湖南	冷水江锡矿山南矿区土壤治理项目	准备阶段	农林水利环保	2300	2018.8

数据来源：中策大数据

由表 4-3 可知，这些项目虽然与矿山有关，但实际涉及农林水利环保、医药化工、五金建材机械、冶金矿产重工、电力、生态旅游、市政交通、停车场建筑共 8 个项目类型，说明矿山废弃地环境治理的项目方式可以进行捆绑治理，具体分布如图 4-5 所示。

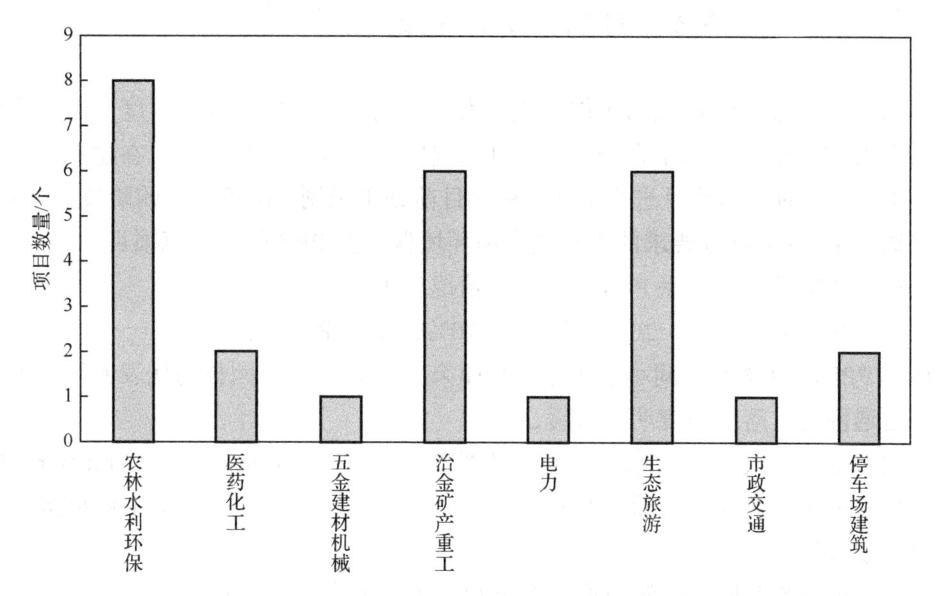

图 4-5 矿山废弃地治理项目类型分类（数据来源：中策大数据）

上述 27 个项目按照项目阶段可分为识别阶段、准备阶段、采购阶段以及执行阶段四个阶段，具体如图 4-6 所示。

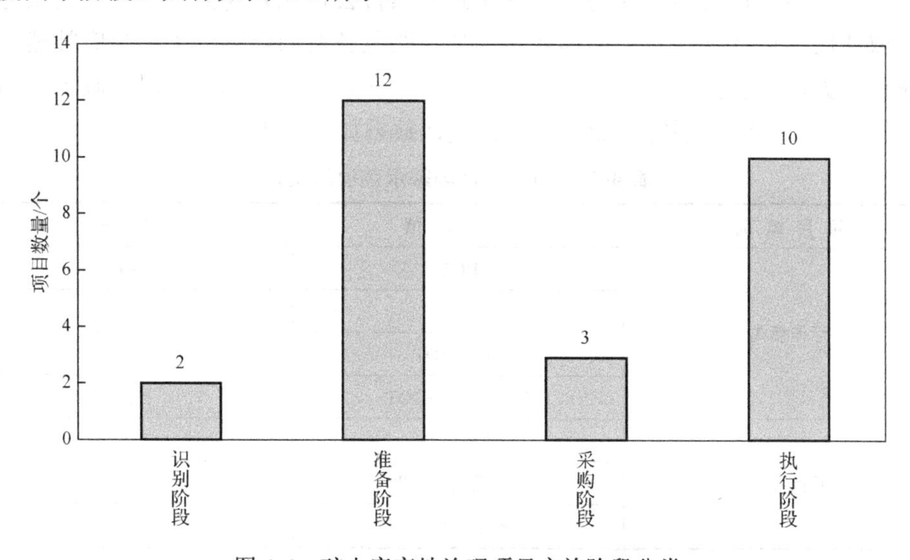

图 4-6 矿山废弃地治理项目实施阶段分类

我国矿山废弃地治理的相关项目绝大多数还处于项目的前期，其中处于项目准备阶段的项目数量最多，与项目的成功规划和落地实施尚具有一定的距离，我国矿山废弃地治理还需要进一步的努力与探索。

4.2 环保PPP项目运作现状

为了解环保PPP模式的运作方式，为保证统计数据的信度和效度，研究选择进入全国PPP综合信息平台项目库、且入选国家示范项目名单的生态建设和环境保护类项目，对目标项目进行筛选，剔除目前处于识别、准备和采购阶段的项目，最终选取了40个符合要求的生态建设和环境保护类PPP国家示范项目。

从统计项目看，环保PPP项目运作情况如下。

（1）发起落地时间：2018年以前，70%的环保PPP项目历时1～2年，20%的环保PPP项目落地时间小于1年；2018年以后，以东方园林为代表的环保PPP项目遭遇困难，落地速度明显减缓。

（2）运行模式方面：绝大多数项目都选择BOT（Build-Operate-Transfer）模式，项目采用所有权和经营权转移给社会资本的模式，由社会资本主体承担项目投资、项目经营等风险。

（3）项目收益回报机制方面：在PPP项目常用的三种付费机制中，环保PPP项目中政府付费模式优先，可行性缺口补助模式其次，较少采用使用者付费模式。政府付费模式主要是基于PPP项目契约合同，政府必须定期支付项目回报额或定期向项目公司支付费用；使用者付费模式为项目公司在政府监管下直接向服务对象收取费用；可行性缺口补助模式是部分收取服务费用，部分采用政府补偿。根据统计数据，目前我国环保PPP项目主要集中在政府付费模式，对财政支出的依赖性较强，可持续发展能力受阻。具体统计数据如表4-4所示。

表4-4 环保PPP国家示范项目统计

项目概况	项目详情	占比/%
运作模式	BOT	90
	ROT	2
	ROT+BOT	5
	TOT+ROT +BOT	3
回报机制	政府付费	68
	可行性缺口补助	27
	使用者付费	5

4.3　环保 PPP 项目应用要求和特点

根据 2019 年《财政部关于推进政府和社会资本合作规范发展的实施意见》对规范 PPP 项目的要求，环保 PPP 项目应该符合 6 个条件（公益项目 10 年以上合作期，履行物有所值评价和财政承受能力论证程序；政府和社会资本分担政策、法律风险和项目建设、运营风险；明确付费机制；政府主体资格规范；项目公司股东按比例缴纳资本金；入全国 PPP 库且信息透明）、三大要求（财政支出责任占比超过 5%的地区，不得新上政府付费项目；公平、规范地选择适格社会资本；严格项目监管和审计），10%红线机制（每一年度本级全部 PPP 项目从一般公共预算列支的财政支出责任，不超过当年本级一般公共预算支出的 10%）。

环保 PPP 项目主要依靠政府付费方式，要想保证社会资本适当的投资回报率，特许经营期的年度财政预算支出会相对较高，但根据年度公共预算 10%的约束，环保 PPP 项目特许经营期下限受到约束，但上限不设限。因此，环保 PPP 项目在特许经营期设置方面表现出显著差异性。

4.3.1　政府和社会资本利益协调存在较大的博弈空间

环保 PPP 项目 BOT 运作模式中特许经营期的长短直接影响社会资本投资收益率，也影响政府回收收益。由于项目经济寿命周期一定，社会资本运营期越长，政府回收运营期越短。同时，由于社会资本逐利的特点，会存在社会资本在获得理想投资回报率的情况下提前退出项目，或者采用低投入、低质量运营的方式，加大政府后期维护成本的现象。从示范环保 PPP 项目统计数据发现，环保项目投资额大，建设周期长。通过对 40 个环保 PPP 国家示范项目分析发现，在特许经营期时长设置方面，时长在 10 年以下、10～15 年、25 年以上、30 年以上的项目分别有 10 个、11 个、16 个、3 个。其中，存在一些特许经营期设置的极端情况，如在息烽县污水综合治理 PPP 项目、山东省济宁汶上莲花湖湿地公园及泉河河道治理项目、广东云浮市郁南县整县生活污水处理捆绑 PPP 项目中，出现低投资额、长周期现象，3 个项目总投资额均不超过 6 万元，但特许经营期却长达 30 年。与之相反的是，北京市房山区琉璃河湿地公园 PPP 项目、淮北市中湖矿山地质环境治理 PPP 项目却出现高投资额、短周期现象，项目特许经营期不足 10 年，总投资额达到 20 亿元以上；河北唐山市遵化市沙河水环境综合治理 PPP 项目投资额甚至高达 44 亿元。排除区位经济因素，可以发现有些 PPP 项目特许权限与投资额不关联，出现反向操作，出现“低投资+长特许经营期”或“高投资+短特许经营期”的组合操作。这说明政府和社会资本在利益分配方面存在力量的博弈，经营期设置与双方谈判的结果具有很大的弹性调整空间。

4.3.2 环保 PPP 项目地方财政支持的差异性

从示范建设项目的建设方式来看，环保 PPP 项目政府付费方式占比 68%，使用者付费占比仅为 5%，财政支出承担主体支出责任。不同环保 PPP 项目差异化的投资规模与特许经营期，会使政府付费、可行性缺口补助上下限值存在很大差异。上限为政府财政支出的潜力，下限为政府财政对环保投资的支持空间。因此，在环保 PPP 项目运作过程中，政府为保持财政支出的均衡，会耗费大量时间与社会资本进行博弈，谈判过程消耗大量非实质性精力，也会存在因谈判过程利益分配不均衡带来 PPP 项目执行效率打折的情况。因此，建议国家在环保 PPP 项目中关于特许经营期设置方面采用规范条款或者标准化程序，减少政府和社会资本无益的博弈消耗。

通过对 PPP 项目库的分析，我们在欣喜的同时也需要冷静思考。一方面，环保 PPP 项目目前入库数量与落地数量存在差距，入库数量很多，但落地比例却偏低。这说明政府在大力推动 PPP 模式的发展，但同时在实践过程中还面临着制度环境不佳、政府信用与契约精神有待观望、PPP 定位模糊、企业跑马圈地等瓶颈掣肘。另一方面，目前环保 PPP 项目还存在倾向性，社会资本偏好高利润或有稳定利润回报的项目，如污水处理、垃圾焚烧发电等，但针对矿山废弃地环境治理这类责任主体不明、治理缺乏良好收益机制的中低利润或无利润的环保 PPP 项目，多采取犹豫态度。

矿山废弃地的环境治理由于利润低甚至无利润，导致收益机制不明确。如果简单照搬公共领域 PPP 项目应用思维，无法推动社会资本积极参与，也可能因为融资无法长期实现回报，导致社会资本想提前抽离，引发 PPP 项目执行困难甚至失败。如何将政府、矿山企业、社会投资机构、中介机构及环保专业机构有效设计成一个相互依存的系统，“定好规则再发牌”，做好顶层设计，应成为废弃矿山或有环境负债治理 PPP 模式推广前必须深思的问题。

4.4 环保 PPP 项目可应用商业模式

环保治理项目包含了大量的历史遗留问题，如治理难度大，受益方不明确，无法清晰界定直接受益者、间接受益者，没有明确的付费机制，政府付费方式难以保证项目可持续发展等。为此，应该识别环保治理项目收益机制，进行具体模式的分类和应用。根据收益机制不同，环保治理项目的分类如表 4-5 所示。

表 4-5　环保治理项目的分类

收益机制	收益机制明确，有良好收益回报		收益机制不明确	
项目性质	运营收益项目	不可以运营	完全没有明确的受益方/付费方，无运营收益	有一定付费主体，有一定运营收益
运作模式	BOT 模式	BT（Build & Transfer）模式	BT 模式	狭义 PPP 模式
资金承担	社会资本	受益方或下游企业付费	政府付费	政府补助
收益回报	受益方付费	获取地块增值的开发商付费	农民土地修复，政府付费	废弃地资源转化为资产、资本，生态权益出售
适用治理项目	烟气脱硫脱硝运营、市政污水处理、垃圾焚烧运营	污染地块土壤修复	农田重金属污染治理	尾矿渣资源化利用；矿山废弃地修复

从表 4-5 可知，环保治理项目中有一定付费主体、有一定运营收益的项目适合狭义 PPP 模式，但利益回报往往很低或者不足以弥补社会资本的投资支出，因此，政府补助是收益机制不明确的 PPP 项目开展的关键要素，关系到项目能否顺利运作、项目公司资信、能否获取外部融资等关键方面。因此，在赋予社会资本特许经营权和运营权，允许其获取一部分运营收益外，还需要设计政府以何种方式进行补助以弥补社会资本的收益缺口。根据政府是直接采用财政资金，还是向金融/投资机构融资，或是通过划拨部分土地资源等方式的不同，环保 PPP 项目的商业模式也有所不同。较为理想的商业模式是，政府、社会资本、金融/投资机构融资后形成环保治理项目公司，由项目公司进行建设和运营，政府进行监管，这也符合公众对环保的社会要求。在获取收益和政府补助后，社会资本退出项目。PPP 模式下的环保治理项目商业模式如图 4-7 所示。

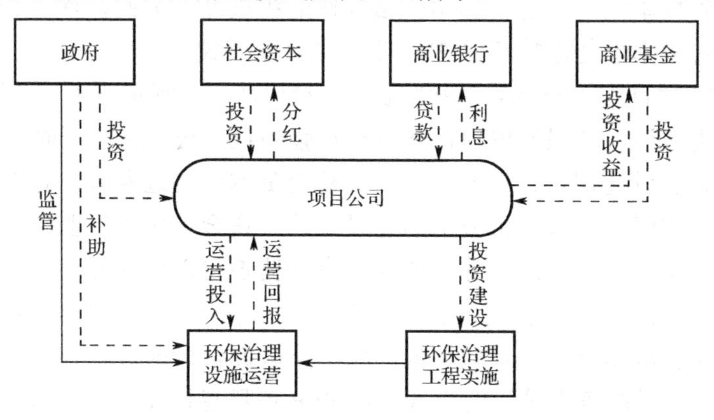

图 4-7　PPP 模式下的环保治理项目的商业模式

4.4.1 受限于政府财政状况，PPP项目的商业模式发生变化

各地财政状况不同，政府的财政付费能力也不同，用于环保治理设施项目的补助资金就会存在缺口。为此，政府可以采用“部分财政补助+部分土地资源划拨”的组合方式实现项目收益。社会资本获取政府划拨的矿山开采权、土地治理修复资产等有价资源，通过运营、转让进入生态权益交易市场，获取收益，该部分收益可以补充财政补助不足的部分。基于这种情况，通过政府划拨资源、社会资本投资、金融融资机构融资后形成环保治理项目公司，由项目公司进行建设和运营，政府监管和支付部分补助，社会资本获取运营收益、政府补助和有价资源收益。这种环保PPP项目商业模式如图4-8所示。

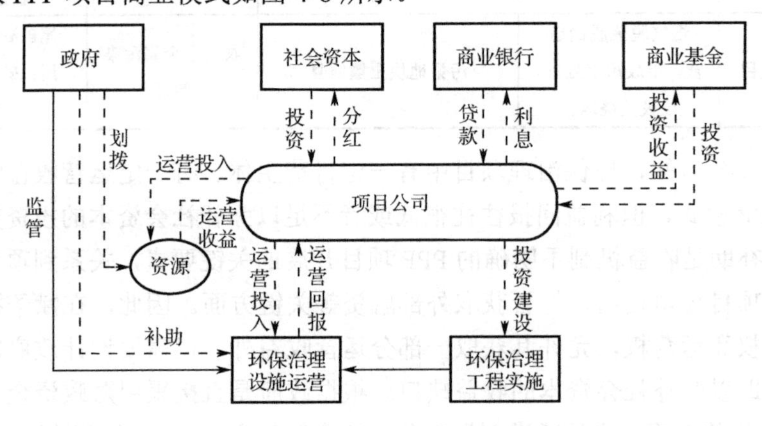

图4-8 政府划拨资源下环保PPP项目的商业模式

4.4.2 受限于政府监管成本，PPP项目的商业模式发生变化

由于环保PPP项目具有周期长、专业性强等特点，有时政府无法有效实行监管，或者监管成本太高，这会影响公私合作的积极性。为此，探寻合适的监管模式，降低监管成本也会影响环保PPP项目的商业模式。

环保PPP项目中政府身兼多种职责，如提供项目、制定规则、进行项目监管。从监管的职责来说，环保治理项目产品有较强的社会公益性，同时由于环保PPP项目投资大、建设周期长、技术门槛高，社会资本作为逐利者，存在逐利和投机驱动。因此，政府必须对项目公司的建设运营、资金使用进行监管，以约束社会资本的机会主义行为。对政府补助的使用进行监控可以确保社会资本没有虚报或滥用政府补助。然而，由于存在信息不透明的情况，再加上政府监管专业程度不够，会出现监管成本高，监管效率低的状况。因此，政府会选择以投资方式入股PPP项目公司，以股东身份深度介入环保PPP项目建设和运营，从而降低监管成本，避免虚假信息。

4.4.3 针对资源可回收项目，政府可采取的 PPP 项目商业模式

以矿山或有环境负债治理项目为例，矿区生态环境修复，使得原有遭到破坏的土地资源得到修复，变成有经济效益和社会效益的土地资产。当矿山废弃地资产产权进入市场流转，实现市场配置和交换时，矿山废弃地修复土地成为资本。这种情况下，矿山或有环境负债治理 PPP 项目可以采用“政府投资+资源划拨+政府补助”的组合方式。在此 PPP 模式中，社会资本获取矿山开采权、土地治理修复资产等有价资源，进行废弃地治理，项目收益来源于运营、转让生态权益的收益和政府财政补助。具体 PPP 项目商业模式如图 4-9 所示。

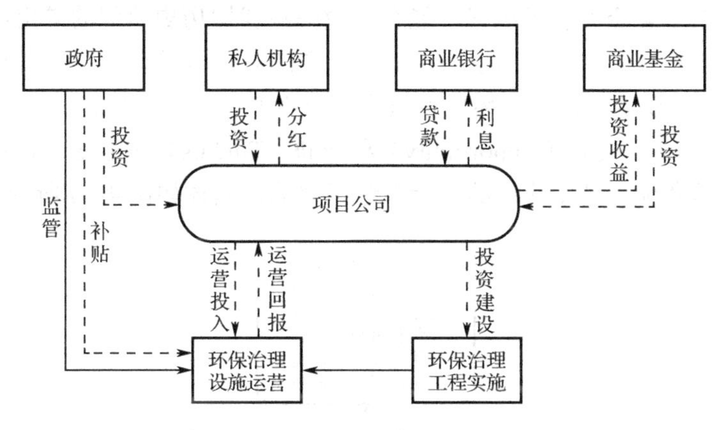

图 4-9 组合方式下的环保 PPP 项目的商业模式（政府投资+资源划拨+政府补助）

4.5 矿山或有环境负债治理 PPP 模式可行性分析

4.5.1 矿山或有环境负债治理 PPP 模式的 SWOT 分析

2016 年 5 月国务院发布《土壤污染防治行动计划》，严防矿产资源开发造成的土壤污染。2016 年 7 月发布《关于加强矿山地质环境恢复和综合治理的指导意见》，提出要加强新矿山和历史遗留矿山环境的恢复和综合治理强度，全面提高我国矿山地质环境恢复和综合治理水平。

矿业是我国经济发展的重要产业，长期无序开发带来严重的环境约束和生态破坏。全国 31 个省份因采矿活动破坏的土地面积约 511.8 万公顷，引起矿山地质灾害 3 万多起，产生固体废弃物累计存量约 450 亿吨，年平均抽排地下水约 65 亿吨，严重污染矿区水土。因此，加快矿山恢复治理刻不容缓。截至 2015 年，尽管全国矿山治理专项资金投入超过 900 亿元，矿山地质环境治理面积超过 80 万公

顷，但我国矿山废弃地复垦和生态恢复率平均仅为15%，远低于英美发达国家80%的修复率。这与《全国矿产资源规划（2016—2020 年）》关于历史遗留的矿山地质环境恢复治理每年投资额为 300 亿～500 亿元的规定相比差距还很大，历史遗留的矿山环境恢复治理任务十分繁重。国家《关于加强矿山地质环境恢复和综合治理的指导意见》规定，对于计划经济时期遗留或者责任人灭失的矿山地质环境问题，由各级地方政府统筹规划和治理恢复，中央财政给予必要支持。面对如此巨大的历史遗留环境负债，地方政府用于环保建设的资金捉襟见肘，寻求社会共同治理、市场化运作的矿山地质环境治理新模式的需求尤其迫切。

传统的财政资金治理矿山环境模式面临效率不高、资金短缺的问题，PPP 模式作为一种新型融资和管理模式，能否有效解决我国历史遗留的矿山或有环境负债治理问题值得探讨。研究借用 SWOT 分析方法对矿山或有环境负债治理 PPP 模式进行分析，主要从矿山或有环境负债治理应用 PPP 模式面临的优势（Strength）、劣势（Weakness）、机会（Opportunity）和威胁（Threats）等角度，对 PPP 模式在矿山或有环境负债治理中应用的可行性进行评估，具体如图 4-10 所示。

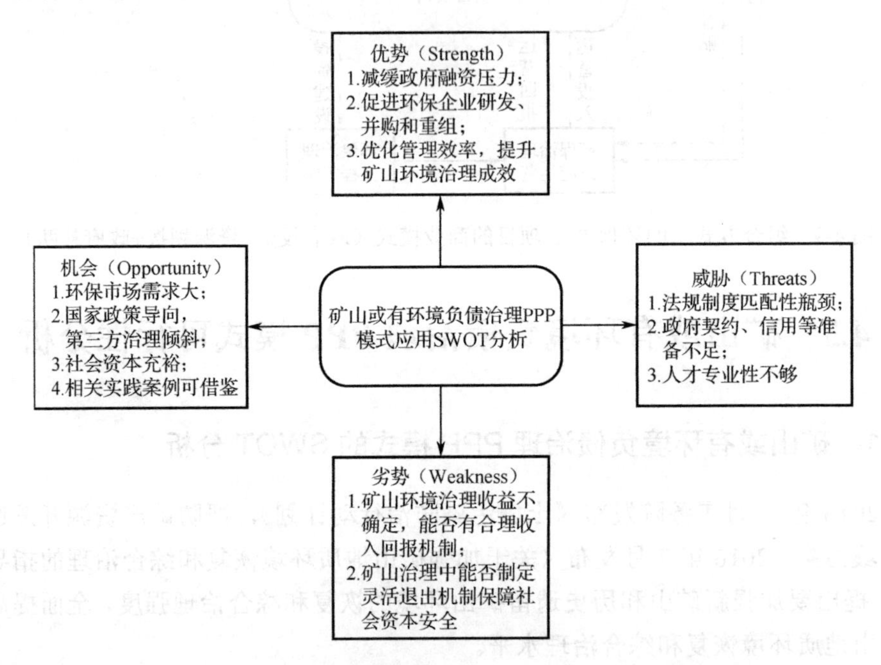

图 4-10　矿山或有环境负债治理 PPP 模式应用 SWOT 分析

1. 矿山或有环境负债治理应用 PPP 模式的优势

第一，PPP 模式能有效减缓政府融资压力。矿山或有环境负债治理需要巨额的投资，如赣南稀土治污费需要 380 亿元，矿山资源地“环境负债”沉重，可是地方财力无力负担如此巨额的治理费用。与此同时，我国经济发展进入新常态和供给侧结构性改革攻坚阶段，传统制造业产能过剩，房地产行业也处于下行状态，社会资本也在寻找合适的投资渠道。据统计，我国民间储蓄超过 7 万亿元，若加上居民持有的现金、国债、外汇等，实际民间金融资本存量不少于 10 万亿元，大量的社会资本静待启动。面对大量的矿山或有环境负债治理需求和社会资本投资的巨大需求，PPP 模式应运而生。PPP 模式强大的融资能力可以撬动社会资本进入矿山或有环境负债治理领域，有效减缓政府环境治理资金压力。如大理洱海治理 PPP 项目投资额为 29.8 亿元，投资额超过大理“十二五”期间环保财政投资总和；葛洲坝集团每年投资 100 亿元以上对岷江等流域开展污染治理。通过前文对环保 PPP 项目的梳理，目前 31 个省、自治区、直辖市已全面铺开 PPP 模式应用，缓解政府环境治理资金瓶颈。尽管在矿山或有环境负债治理方面还缺乏实际应用，但将矿山废弃地作为环境综合治理项目的一部分已经进入实践应用中。

第二，PPP 模式可以促进环保企业的生存和发展。2016 年《关于加强矿山地质环境恢复和综合治理的指导意见》明确提出开发补偿保护的经济机制，针对历史遗留环境问题，探索利用 PPP 模式、第三方治理，推动历史遗留矿山废弃地治理。2019 年采用市场化手段推动矿山废弃地治理的方式启动，从政策层面对矿山废弃地现状、实施办法、实施方式、监管等进行具体解释，推动政府主导、社会参与的市场化治理之路。2020 年 5 月在《政府工作报告》中，李克强总理再次强调“提高生态环境治理成效”“促进生态文明建设”。“十四五”期间高质量推进生态环境治理建设依然是国家重要战略，推动绿色发展方式和公众绿色生活方式是重要任务。

在如此密集的国家政策的推动下，巨大的环境治理市场、环保企业也迎来洗牌的机会。环保 PPP 项目大型化趋势要求环保行业也必须趋于集中，迫使环保企业在这场环保 PPP 项目的争夺战中不断提升自身的技术能力、工程建设和运营能力，推动环保企业自身的重组、并购，在国家利好政策和大批 PPP 环保基金注入的情况下提升和发展企业。2018 年以来，环保 PPP 项目遭遇挫折，一些入库 PPP 项目被搁置、清理，部分环保治理公司也面临市场洗牌，这些都会迫使环保企业提高竞争力。

第三，PPP 模式可以优化管理效率，提升矿山或有环境负债治理成效。传统的政府主导方式下的环境治理效率低下，PPP 模式将第三方治理引入矿山或有环境负债治理，具有资金、管理、技术优势的专业环保投资运营公司能提高矿山或有环境负债治理的供给和效率。政府也由治理主体转变为支持和监管主体，强化生态新政，提升生态治理能力。同时，PPP 项目治理的最终目标是要实现经济利益和生态利益，因此在治理时限、治理周期方面会进行优化，同时也会进行开发式综合治理，通过市场化治理和国家政策扶持，提升矿区生态价值。

2. 矿山或有环境负债治理应用PPP模式的劣势

矿山或有环境负债治理是一项技术、资本、装备密集型的系统工程，具有投入大、周期长、公共性和公益性强、政府责任重大、社会影响大等特点。矿山或有环境负债治理PPP模式应用可带来盈利的特点成为社会资本的关注点。向土地要利润是土壤修复最大的盈利模式，目前主要有土地转让、财政补充两种模式。目前土地修复项目主要以工业场地修复项目为主，城市棕地修复后有较高的经济价值，盈利模式清晰；耕地修复后经济价值相对较低，然而耕地地位重要，政府资金会有所倾斜，但也缺乏长效机制。针对矿山修复，《土壤污染防治行动计划》中对矿山治理关注度不够，目前仍以监管防治为主。但矿山废弃地地理位置偏远，土地毁损严重，只有少部分能复垦成耕地；同时，在项目管理上也存在障碍，现有流转限于农村建设用地，省域内主要倾向贫苦地区流转，矿山废弃地修复也缺乏多部门协同推进，这些都在一定程度上影响矿山废弃地治理收益实现。

良好的收益回报是PPP项目吸引社会资本参与的核心，从环保类PPP项目实施过程中的问题来看，没有良好的收益机制设计，很容易导致PPP项目失败。与普通竞争性行业不同，矿山或有环境负债治理属于典型的政策法规驱动型产业，政府应该避开经济利益环节，履行法规完善、战略规划、政策激励和监管评估等职能来保障社会资本盈利问题。否则，项目中的风险和利益冲突在所难免，企业“跑马圈地”现象也就难以克服。尤其是2018年以来，国家对入库PPP项目进行了清理。超出10%红线、不符合PPP项目条件、实施过程中违规等因素更加增加了PPP模式应用的困难。而矿山或有环境负债治理PPP项目还具有利益回报不明确的先天短板，因此会成为PPP模式应用的一个关键问题。

3. 矿山或有环境负债治理应用PPP模式的机会

一方面，国家针对矿山或有环境负债治理，在政策层面持续发力。2015年，原国土资源部 1 号文件《历史遗留工矿废弃地复垦利用试点管理办法》明确规定要进行工矿废弃地生态修复，进行占补平衡用地试点建设，为工矿废弃地治理的价值路径提供了政策保证。2020年4月，国家关于完善要素市场化配置政策出台，为矿山废弃地污染土地生产要素从环境负债转化为可利用的土地建设用地、耕地提供机制和政策保障，矿山废弃地污染土地复垦成可建设用地，可调整到异地使用，可以同时满足城市建设用地指标需求、矿山地区发展的资金需求。此外，还可有力缓解矿山废弃地治理存在的资金难、治理动力不足、治理价值转化难等痛点问题。一系列国家政策的出台，将矿山废弃地历史遗留问题、土地利用、市场运作提升到国家层面，与国家整体战略协同作用，表明国家生态环境治理的决心。

另一方面，PPP 模式应用，各方发力。目前，尽管环保 PPP 项目投资周期较长、利润单薄，但却成为 PPP 领域里的“新贵”，受到资本、环保企业追捧。

总之，矿山或有环境负债治理应用 PPP 模式的机会可以总结为如下几点。一是国家和地方高度重视，国家组织专项环境保护 PPP 中央项目储备库；二是政府注入中央财政专项资金，中央拨付的各类环保资金等 PPP 引导基金已达 7000 亿元，优先支持环保 PPP 项目实施，财政种子的吸引效用体现；三是在地方政府负债压力和公众强烈的环境需求推动下，环保 PPP 模式市场潜力巨大；四是已经有很多成功修复的实践案例，如山西太原 5 年前开始采用的引进社会资本全面治理改善生态环境的“二八模式”，将垃圾山、矿山废弃地建成西山万亩生态园，成功实践也为矿山或有环境负债治理引入 PPP 模式提供了样本。

4. 矿山或有环境负债治理应用 PPP 模式的风险

PPP 模式历史悠久，起于英国风靡全球，联合国、世界银行、欧盟和亚洲开发银行都力推 PPP 模式，60 多个国家争相推广应用。纵观各国 PPP 项目的实践应用可以看出，相对完善的法规、政策和专门机构是 PPP 项目成功的重要保证。PPP 模式在中国的发展还在探索过程中，相关法规、制度还存在与经济需求不匹配的现象；政府在合作过程中的契约精神、可信度还比较欠缺；PPP 项目复杂，在招投标、谈判、融资过程中需要强大的操作能力，而目前 PPP 项目推广方面的专业人才还远远不够。这些都成为 PPP 模式推广中的制约和风险因素。尤其是治理的利益回报路径不明显，同时治理周期长、投入费用高，还需要专业治理技术，使得治理门槛更高，这些不确定因素更增加了矿山或有环境负债治理 PPP 模式的风险。自 2018 年开始，一些环保上市公司暴雷，更引发了对矿山或有环境负债治理 PPP 模式的忧虑。

从 SWOT 分析可以看出，矿山或有环境负债治理引用 PPP 模式具有增加融资、促进环保企业发展、提升治理效率等优势，也具备庞大的环保需求、政府政策驱动、充裕的社会资本和成功案例学习的机会，但同时也存在劣势和风险制约因素。因此，PPP 模式应用在矿山或有环境负债治理中的关键是要选择一个合适的 PPP 模式，设计良好的回报机制，从法规、制度、专业人才等多角度完善国家矿山环境配套能力建设，协同公众力量，利用“互联网+”实现矿山的智慧治理。

4.5.2 矿山或有环境负债治理 PPP 模式应用存在的问题

1. 矿山或有环境负债治理 PPP 项目机制设计

2014 年，国家 PPP 模式相关政策频频出台，地方也迅速推出 PPP 建设项目，在环保这个长期依赖于政府财政投资的领域，PPP 模式是否可以闯出一条新路？自从我国 20 世纪 80 年代引入 PPP 模式，PPP 模式已经大量进入具有固定收益且收益较高的垃圾处理、污水处理等项目。但由于 PPP 模式的规则体系复杂，在实际操作过程中纠纷很多，如果一开始项目机制设计没有经过系统研究，遇到的问题将会更多。尤其是在矿山或有环境负债治理这些低利和微利项目方面，回报机制不清晰增加了 PPP 模式应用的难度。如何将政府、矿山企业、银行投资机构、中介机构及环保专业机构有效设计成一个相互依存的系统，“定好规则再发牌”，从总体目标、运作机制、政策制度和反馈机制等方面做好顶层设计，是启动 PPP 模式前需要深度思考的问题。

2. 矿山或有环境负债治理 PPP 项目运作模式选择

我国 PPP 模式应用初始阶段多采用 BT 模式，由专业社会机构来承担各级政府的市政职能，政府承担主要建设资金，结果是各地方政府负债急剧膨胀。后来为了控制政府负债率，一些具有明确的回报机制和较高的收益率的公共设施建设项目转为采用 BOT 模式运行，由社会资本承担资金、拥有长期的建设权和收益权，相对稳定的回报使环境领域的一些高收益项目，如城市污水处理等也广泛采用 BOT 模式。

然而，我国矿产开发留下了大量的矿山废弃地，资源化程度比较低，回收价值可能无法弥补投入成本，污染治理陷入长期被漠视的状况。若采用传统的 BT 模式治理，会恶化各级政府高负债状况，而采用 BOT 模式治理，需要有较高的收益回报率才能吸引社会资本。在中国经济新常态背景下，政府面临着缺钱和欠债的双重压力，为此，政府重新推出 PPP 模式，希望借助 PPP 模式激活社会资本进入环保领域。然而传统的公共基础设施运用的 PPP 模式能轻易地嫁接到矿山或有环境负债治理吗？PPP 项目与传统的市政工程项目有何区别？面对汹涌而来的 PPP 热潮，在矿山或有环境负债治理领域运用 PPP 模式需要各级政府提前考虑实用性和模式改进等问题。

4.6 本章小结

本章主要从可行性角度分析矿山或有环境负债治理 PPP 模式。首先，从我国生态环保 PPP 项目的发展现状入手，梳理我国生态环保 PPP 项目的应用规模，以及生态环保 PPP 模式主要运作模式、运行特点，总结生态环保 PPP 模式应用经验和存在的问题。其次，基于生态环保治理项目分类、生态环保治理项目的特点，在充分考虑政府资金投入不足、监管成本太高、资源划拨补偿等情况下，探讨分析了四种典型的 PPP 模式下的环保治理项目商业模式，为矿山或有环境负债治理 PPP 模式的构建提供借鉴。第三，本章分析了矿山或有环境负债治理应用 PPP 模式的可行性，运用 SWOT 分析法对矿山或有环境负债治理应用 PPP 模式的优势（Strength）、劣势（Weakness）、机会（Opportunity）和威胁（Threats）进行具体分析。研究认为将 PPP 模式引入矿山或有环境负债治理项目，既可以缓解资金短缺难题，也能提升生态治理效率，还可以提高社会资本的使用效率，实现政府、企业和社会的“多赢”。通过 SWOT 分析 PPP 模式应用到矿山或有环境负债治理项目还需考虑模式选择、回报机制设计、法规制定等问题。

第 5 章　矿山或有环境负债治理 PPP 模式博弈模型构建

5.1　矿山或有环境负债治理 PPP 模式构建

5.1.1　矿山或有环境负债界定

研究将或有环境负债界定为：针对环境损害和生态破坏方面没有责任主体或责任主体不明确，最终需由政府兜底的隐性债务或发生的未来成本。那么矿山或有环境负债可被界定为：由于历史或其他原因已经废弃的矿山，找不到治理主体，无法参照有责任主体的矿山“谁破坏，谁治理”模式治理，只能出于道义或者法律规定由政府兜底的隐性债务或发生的未来成本。

对矿山废弃地进行环境修复和综合治理，实现废弃土地再利用是矿区土地增值的主要途径。我国发展初期粗放式的生产方式导致了大量矿山废弃地的出现，此类废弃地的存在已经严重危害到了矿山周围居民的生命健康安全。但矿山废弃地修复责任主体不明，传统的由政府兜底和主导的治理模式同时受到资金投入和治理效率的限制，资金不足等问题已成为矿山环境治理和修复发展的瓶颈和痛点，此背景下 PPP 模式应运而生。

5.1.2　矿山或有环境负债治理 PPP 项目具体模式

基于前文 PPP 模式、利益相关者等理论，可以推导出矿山或有环境负债治理 PPP 模式的运行组织和 PPP 模式相关运营建设过程。根据矿山或有环境负债治理项目所属领域、融资特点、治理建设和运营过程特点、风险分担利益共享原则等基本因素，PPP 模式利益相关者有政府、政府授权的部门和组织、社会资本、金融机构、保险公司、环境治理承建商、环境修复运营商等相关中介机构等。矿山或有环境负债治理 PPP 项目由政府进行招标，政府（或政府授权的部门和组织）、社会资本方共同投资设立 PPP 项目执行主体——特许经营项目公司（SPV），由其承担或有环境负债治理修复、运营维护等项目生命周期内的具体职责。由于矿山废弃地环境负债严重，为响应公众对美好环境的需求，政府出于道义成为治理主体，但受限于政府财政不足的客观现实，政府财政资金一般作为种子资金，吸引社会资本投资、金融机构资金融资或者债券融资组建 SPV（Special Purpose Vehicle）公司。根据项目治理周期和项目投入资金，政府会授予 SPV 公司项目特许权，围绕矿山或有环境负债治理 PPP 项目，SPV 公司全权负责项目建设运营、风险分担和其他相关事宜。在项目建设过程中，SPV 公司会根据项目需要，与环境治理相关环节承建商、生态环保产品采购商、环境修复运营商、环境治理设备和能源供应商、金融机构、保险公司、其他中介机构进行项目二级签约，这些利益相关者获取矿山或有环境负债治理 PPP 项目建设过程的部分项目合同并按照协议获取相应利益回报。矿山或有环境负债治理 PPP 项目运行的关键在于项目利益相关者通过项目协议进行合作，以实现双赢甚至多赢的结果。矿山或有环境负债治理 PPP 模式的组织结构如图 5-1 所示。

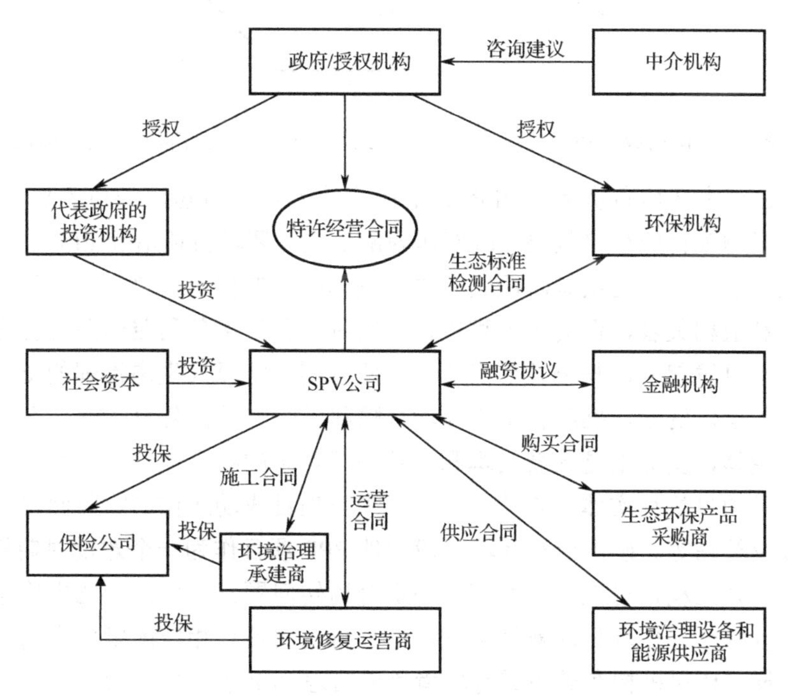

图 5-1　矿山或有环境负债治理 PPP 模式组织结构

5.2　矿山或有环境负债治理 PPP 模式利益相关者确定

在矿山或有环境负债治理 PPP 模式组织结构的构建中，其利益相关者及其相应职能和责任描述如图 5-2 所示。

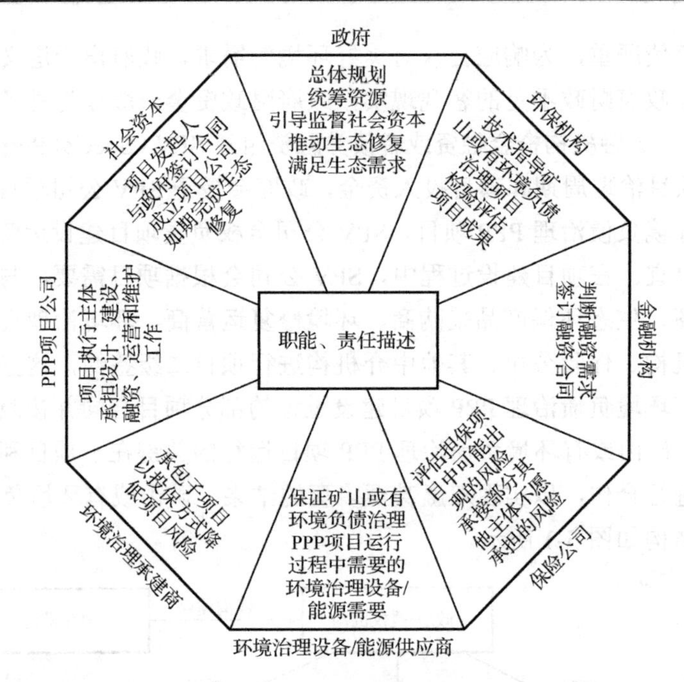

图 5-2　矿山或有环境负债治理 PPP 模式利益相关者及其职能、责任描述

在矿山或有环境负责治理 PPP 项目中，各利益相关者扮演的角色都不尽相同，但都密切影响项目的最终效果。政府作为矿山或有环境负债治理 PPP 项目的领头人，在整个项目尤其是决策阶段起着总体规划统筹的作用，整合多方优势资源，引导各位利益相关者，调动多方积极性并同时监督约束各利益相关者行为。社会资本作为项目发起人，与公共部门签订相应合同，将投入生态治理的资金转化为项目公司的运作资本，推动整个治理项目顺利运行。项目公司（SPV 公司）是项目的执行主体，实际上是社会资本和公共部门意志的组合体，主要负责治理的具体工作，是项目执行实体，它的收益主要来自项目成功运作的收益回报、政府的政策激励及补贴等。矿山或有环境负债治理 PPP 项目作为一个建设周期长、回报见效慢的复杂工程，可能会存在相应的资金周转问题。因此，金融机构作为中介机构，可以综合评估项目的融资需求，与项目公司签订相应的融资合同，推动项目顺利进展。环保机构在矿山或有环境负债治理 PPP 项目中主要扮演的角色是规范者，它会根据矿山废弃地行业内生态修复的标准来规范生态治理效果，检验评估修复成果。在项目公司实力有限的情况下，会将或有环境负债治理 PPP 项目进行子项目分包，此时环境治理承建商就是合适的承包人，会提供项目公司需要的产品/服务，降低修复项目风险。最后可能存在一部分少有人愿意承担的风险就应当交付于保险公司。

5.3　矿山或有环境负债治理 PPP 模式利益相关者识别

PPP 模式在传统政府融资模式的基础上，优化全生命周期组织流程设计，通过利益相关者建立项目，形成合作共赢关系。基于利益相关者理论和 PPP 项目的结构特点，根据米切尔维度，从契约紧密性、参与程度、影响关联度、风险分担、利益获得五个维度进行划分，矿山或有环境负债治理 PPP 项目的利益相关者可分为核心利益相关者（政府、社会资本、公众）、重要利益相关者（金融机构）、一般利益相关者（环境修复运营商、环境治理设备和能源供应商、保险公司等）和边缘利益相关者（学者、科技人员、人类后代、管理咨询公司、纳税人、媒体等）。结合以往的理论研究和项目实践，从利益相关者与 PPP 项目结成的契约关系的密切程度、利益相关者参与 PPP 项目的深度和广度、利益相关者的行为决策对 PPP 项目融资、建设、运营造成的影响、利益相关者为 PPP 项目承担的风险量、利益相关者从 PPP 项目中获得的期望收益这五个维度对 PPP 项目利益相关者进行分类，具体如表 5-1 所示。

表 5-1　矿山或有环境负债治理 PPP 项目中利益相关者情况

利益相关者属性	利益相关者
核心利益相关者	政府、社会资本、公众
重要利益相关者	金融机构
一般利益相关者	环境修复运营商、环境治理设备和能源供应商、保险公司
边缘利益相关者	纳税人、媒体、管理咨询公司、学者、科技人员、人类后代

围绕四类利益相关者，对矿山或有环境负债治理 PPP 项目中的利益相关者进行具体识别，分析利益相关者对于或有环境负债治理的影响力及其利益诉求，准确定位其在项目中的角色，从而建立一个“政府主导-利益相关者参与治理”的简化模型。各利益相关者的影响力和利益诉求分析如表 5-2 所示。

表 5-2　矿山或有环境负债治理 PPP 项目的利益相关者影响力和利益诉求分析

利益相关者属性	利益相关者	影响力分析	主要利益诉求
核心利益相关者	中央政府	意识强、决策地位和能力高、法定主体	促进生态功能恢复与增强，取得良好的生态效益和社会效益
	地方政府	意识强、决策地位高、法定主体	促进当地经济发展、提供就业、稳定社会秩序、促进生态功能恢复
	相关行政部门	意识强、决策地位高、法定主体	管理绩效的追求和部门利益的获取
	社会资本	意识强、决策地位高、法定主体	项目投资收益

续表

利益相关者属性	利益相关者	影响力分析	主要利益诉求
核心利益相关者	矿区居民/公众	意识强、影响力弱、合法性高	提供就业、改善经济、体验到良好的生态服务功能
重要利益相关者	金融机构	意识强、影响力较好、合法性一般	项目融资收益
一般利益相关者	环境修复运营商	意识强、影响力较好、合法性高	项目运营收益
	环境治理设备和能源供应商	意识较强、影响力一般、合法性一般	项目治理、环保设备供给
	保险公司	意识强、影响力一般	风险评估、项目承保、社会声誉
边缘利益相关者	矿区相关产业	意识较强、影响力一般、合法性高	获得自身发展、当地社区居民的支持
	媒体	意识强、影响力较好、合法性低	吸引社会关注、获取社会支持
	学者、科技人员	意识强、影响力一般	生态利益保护与学术价值认同
	生态环境保护组织	紧迫性高、决策地位和能力低、合法性高	生态利益优先，获得政府、社会的认可和支持，取得合法性生存空间
	人类后代	影响力很弱	生态资源环境可持续发展

从表 5-2 可以看出，核心利益相关者分别是政府、社会资本和公众，三个群体的主要利益诉求和职责行为如表 5-3 所示。

表 5-3　核心利益相关者利益诉求及职责行为

	利 益 诉 求	职 责 行 为
政府	1．提高生态产品供给； 2．按时且高质量竣工； 3．缓解治理财政资金压力和降低环境治理成本； 4．盘活社会资本存量，整合市场资源； 5．与社会资本在资金、建设技术方面风险共担； 6．实现生态文明和美丽乡村社会效益	1．编制规划矿山或有环境负债治理 PPP 项目； 2．进行谈判、磋商和选择 PPP 合作伙伴； 3．全过程项目监督管理并协调统筹各部门、各环节； 4．提供项目政府信用担保； 5．法律、行政审批、最低需求风险分担
社会资本	1．在 PPP 项目中有长期稳定的运营收益； 2．项目前期、中期、后期各种政策收益； 3．声誉、口碑及信用收益； 4．获得政府政策、法律等方面风险分担； 5．与政府平等协调合作收益； 6．项目成本控制、资金及时回收	1．PPP 项目资金筹措； 2．组建项目公司专业运营； 3．与政府、其他利益相关者协调沟通； 4．承担财务风险、建设运营退出风险、不可抗力风险； 5．项目质量、成本、工期等按照约定完成
公众	1．良好环境的诉求； 2．PPP 项目工程质量过关； 3．对 PPP 项目、环境治理情况的知情权； 4．环境改善后获得经济收益（就业机会增加等）	1．监督 PPP 项目全过程； 2．监督政府监管行为是否到位

四类利益相关者都会直接或间接影响 PPP 项目实施，但核心利益相关者的决策行为将直接影响 PPP 项目利益均衡情况、演化合作机制，因此本研究重点分析政府、社会资本、公众三个核心利益相关者在矿山或有环境负债治理 PPP 模式中的利益诉求和职责行为，以探讨三个核心利益相关者之间的演化博弈行为关系和利益均衡情况。

5.4　矿山或有环境负债治理 PPP 模式博弈框架构建

PPP 模式主要是政府和社会资本的合作，但在项目执行过程中会涉及众多参与人，如地方政府、社会资本、中介、公众、建设商、供应商等相关主体。矿山或有环境负债治理 PPP 项目的实施过程中存在相关者之间的博弈关系，图 5-3 为矿山或有环境负债治理 PPP 模式中政府和社会资本在权责分配、招投标利益分配、风险分担、监管寻租等方面的博弈，通过静态博弈、动态博弈、演化博弈等方式寻求项目相关者的决策博弈均衡，在相互博弈中推进项目的执行和完成。

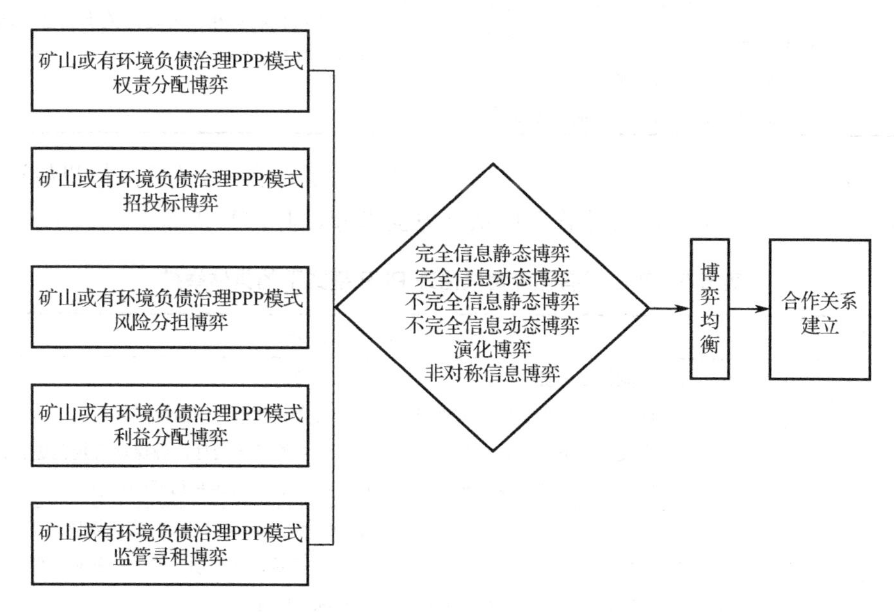

图 5-3　矿山或有环境负债治理 PPP 模式的博弈框架

在项目运行过程中，利益相关者在权责分配博弈、招投标博弈、风险分担博弈、监管寻租博弈等方面的博弈目的，以及在博弈过程中的一些具体做法如表 5-4 所示。

表 5-4　矿山或有环境负债治理 PPP 模式下各利益相关者的博弈目的及具体做法

	目　的	具 体 做 法
权责分配博弈	权衡中央、地方政府、社会资本相关的事物权、资金投资权、责任承担，梳理好项目利益相关者的利益设置、存在问题和风险分担	需要建立公私合作的投资比例模型以确定PPP 项目中公私资本投入比例、规模、投资方式、特许经营期设置、投资回报方式等，项目推进过程中公私双方、项目参与方等不同利益相关者间的权利义务、相互制约和均衡
招投标博弈	针对价格等基本因素以外的融资、运营及移交等具体项目做具体讨论	在项目招投标阶段，基于不完全信息静态博弈，同时考量项目其他阶段可能造成影响的因素，综合建立招投标模型
风险分担博弈	在 PPP 项目的全生命周期过程中存在诸多类型风险（如政策变动、政府违约等），同时在各个阶段参与设计的利益相关者也不尽相同，优化风险分配和管理就显得尤为重要	构建项目利益相关者风险合理分担的不完全信息动态博弈模型； 利益的博弈源自权责分配博弈的分析
监管寻租博弈	利益相关者目标存在不一致性，构建良好的监管框架并有效地执行，才能发挥PPP项目的合作优势。政府会选择代理执行者，代理人可能会更倾向于自身利益，为避免出现寻租行为，监管也十分必要	构建项目利益相关者之间关于监管问题的非对称信息博弈模型

具体落实到矿山或有环境负债治理 PPP 项目，相关的权责分配、招投标过程、风险分担、利益分配、项目监管可以从几方面做起，具体举措如表 5-5 所示。

表 5-5　矿山或有环境负债治理 PPP 模式下的具体举措

角　度		具 体 举 措
权责分配	政府	1. 职能转变：责任主体——出资者、监管者； 2. 政府界定权责边界——政府、企业、公众、其他组织的权责分类； 3. 中央政府把控公众利益，地方政府统筹实施环境治理，确保项目规范进行； 4. 制定完善的矿山或有环境负债治理 PPP 项目评价考核体系和机制
	社会资本	1. 整合矿山或有环境负债治理 PPP 项目的所有社会资本资源，实现规模经济效应； 2. 市场化运作矿山或有环境负债治理 PPP 项目，实现项目的效益和利益保证； 3. 兼顾公共利益，合理规划项目规模和项目收益
	中介机构	1. 探索绿色金融模式与矿山或有环境负债治理 PPP 项目的融合和契合，创新矿山或有环境负债治理领域 PPP 融资模式或融资产品； 2. 监管部门完善矿山或有环境负债治理 PPP 项目合同文本、法规，设计良好的约束机制，提升 PPP 项目的专业化和法制化程度
	公众	强化公众环保意识，多渠道保障公众参与权益，提高公众责任心和积极性

续表

角　　度	具 体 举 措
招投标过程	1．确保矿山或有环境负债治理 PPP 项目合作环境，降低准入门槛，推进良好的市场准入机制； 2．以市场为基础引入竞争机制，规范项目招投标机制； 3．确保法律规范，适当引入专业仲裁机构； 4．社会资本主体公平竞争，强化矿山或有环境负债治理 PPP 项目的国际合作
风险分担、利益分配	1．政府补助+PPP 项目投资收益； 2．政策激励：技术设备补贴政策、贷款贴息政策、预算产业补贴，免交国有土地使用费、税收抵扣政策、加速折旧政策； 3．智慧矿山修复动态监管调节机制，形成“人工智能＋矿山废弃地”模式； 4．多渠道社会众筹，分散投资风险
项目监管	1．政府强化公信力：制度建设、信息披露、公众监管； 2．全生命周期项目监管到位，确保公共利益； 3．完善奖惩机制，避免矿山或有环境负债治理 PPP 项目利益相关者的投机行为

5.5　核心利益相关者的演化博弈分析

核心利益相关者在 PPP 项目全生命周期都扮演着重要的角色，但是在不同的阶段，突出的主体是不一致的。因此，研究重点分析政府、社会资本、公众三个核心利益相关者在矿山或有环境负债治理 PPP 模式中的利益诉求和职责行为，以探讨三个核心利益相关者之间的演化博弈行为关系和利益均衡情况。围绕项目决策、项目建设、项目运营维护等不同阶段，探讨各个核心利益相关者发挥的作用及对应的博弈行为。具体情况如图 5-4 所示。

由图 5-4 可以看出，在矿山或有环境负债治理 PPP 项目的决策阶段，核心利益相关者中的主要参与者是政府中的职能部门和社会资本两方，该阶段博弈主体博弈行为的重心在于是否批准设立该项目及是否进行投资，讨论的问题主要集中在项目中的权责划分、价格等具体细节。

在矿山或有环境负债治理 PPP 项目的建设、运营维护阶段，可以看到，公众作为项目的实际使用者加入到了博弈的过程中，起到了监督的作用。建设阶段是项目的主体部分，建设阶段给项目带来的是直接收益。在这一阶段，基于利益的考虑，政府和社会资本在策略的选择上会有积极和消极两种态度，几乎不会选择完全不监管和完全不合作的策略；而公众由于信息不对称及缺乏 PPP 相关专业知识，会出现不参与监督的行为。而在运维阶段，产生的收益基本上是无形/长期的收益，回报周期长，基于对成本的考虑，此时政府极有可能会选择不监管，社会资本考虑到自身口碑的缘故会选择积极或消极运维。此时，公众真正在“使用”项目，积极性相较建设阶段会更高。

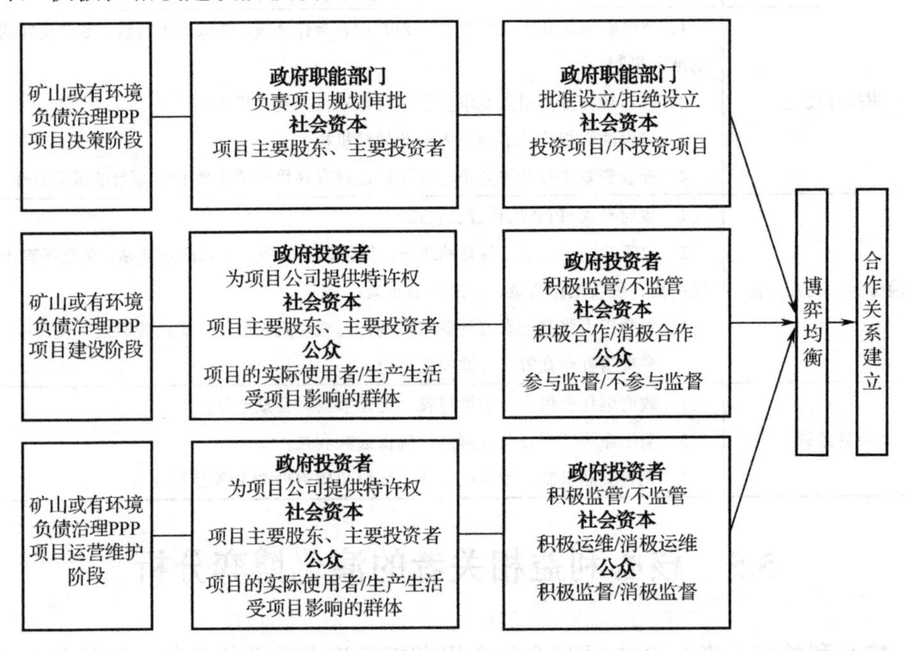

图 5-4　矿山或有环境负债治理 PPP 项目不同阶段核心利益相关者的作用及博弈行为

分析表明，在矿山或有环境负债治理 PPP 项目中，政府需要对项目全程监管，并从项目识别到项目移交设计好激励机制。通过有效激励手段，使社会资本在项目中积极合作，监督并规制社会资本由于资本趋利本性所导致的投机行为和破坏。然而，由于治理项目复杂、信息不对称、政府专业能力欠缺等主客观原因存在，政府对社会资本的项目执行行为监督效率不高，认为监督成本大且回报少，就会趋向不监督、重激励。因此，政府博弈行为有积极监管和不监管两种策略。同样，社会资本在矿山或有环境负债治理 PPP 项目中也有两种不同的行为选择。一是积极合作行为，从企业长远发展视角来看，社会资本在招投标、采购、建设、经营、维护和项目移交等环节，都保证 PPP 项目高质高效完工，满足 PPP 项目契约中的相关责任和要求，虽然回报不高，但可以通过项目提升企业公信力和口碑；二是在资本趋利的本能引导下采取机会主义或投机行为，社会资本通过行政寻租、违规操作、无视相关规则等方式在 PPP 项目全生命周期的不同阶段损害项目，获取投机收益。公众同样会有两种行为，一是积极参与监督，在治理工程实施过程中，公众通过各种参与渠道、参与方式对项目本身、政府和社会资本进行了解和监督。二是消极监督，因监督成本高、监督渠道单一、监督意识和能力欠缺等原因，公众不参与监督，消极对待，放任损害公共利益的行为发展。

5.6　本章小结

基于前文研究，本章提出矿山或有环境负债为由于历史或其他原因已经废弃的矿山，找不到治理主体，无法参照有责任主体的矿山“谁破坏，谁治理”的方式进行环境治理和修复，只能出于道义由政府兜底的隐性债务或发生的未来成本。根据 PPP 项目的组织结构，研究构建了矿山或有环境负债治理 PPP 模式的组织结构，并对组织结构中的利益相关者及其相应职能和责任进行了描述。根据米切尔维度，从契约紧密性、参与程度、影响关联度、风险分担、利益获得五个维度进行划分，矿山或有环境负债治理 PPP 项目的利益相关者可分为核心利益相关者（政府、社会资本、公众）、重要利益相关者（金融机构）、一般利益相关者（环境修复运营商、环境治理设备和能源供应商、保险公司等）和边缘利益相关者（学者、科技人员、人类后代、管理咨询公司、纳税人、媒体等）。研究对矿山或有环境负债治理的四类利益相关者的影响力和利益诉求进行具体分析，并进一步提炼出核心利益相关者的主要利益诉求和职责行为，以探讨三个核心利益相关者之间的演化博弈行为关系和利益均衡情况。

在 PPP 项目执行过程中有政府、社会资本、中介、公众、建设商、供应商等利益相关者参与，基于此，研究构建了矿山或有环境负债治理 PPP 模式的博弈框架，并对利益相关者在权责分配博弈、招投标博弈、风险分担博弈、监管寻租博弈等方面的表现进行了分析。重点围绕政府、社会资本和公众三个核心利益相关者，从矿山或有环境负债治理 PPP 项目决策、建设、运营维护三个阶段，分别剖析各个核心利益相关者发挥的作用及对应的博弈行为，为下一步进行利益相关者博弈演化和仿真分析进行铺垫。

第6章 矿山或有环境负债治理PPP模式演化仿真分析

2018年8月31日，《中华人民共和国土壤污染防治法》的颁布吹响了“净土保卫战”的号角。但长期粗放式的生产方式带来的历史遗留问题，致使矿山环境修复任务艰巨，其中涉及多个利益相关者，发展痛点仍是资金问题。据国务院发展研究中心报告显示，2015—2020年中国绿色发展相应投资需求约每年2.9万亿元，财政资源仅能满足10%～15%，大量治理资金需要社会资本来解决。因此，政府和社会资本合作（PPP）模式应运而生，其主要意图是通过公私合作来提高公共服务效益。

6.1 政府与社会资本两方演化仿真分析

通过5.5节中的演化博弈分析，整理出政府积极监管和不监管两种行为策略，以及社会资本积极合作和机会主义两种行为策略。

6.1.1 演化博弈基本条件

（1）基本假设：政府与社会资本均具有有限理性，且二者的演化均衡策略是逐步调整和演进的。在本研究中，矿山或有环境负债治理公私合作机制构建也是政府和社会资本在博弈中不断调整策略，直至找到最优策略的过程。

（2）博弈行为：从前文分析已知政府有实施积极监管和不监管两种行为，社会资本也可采取积极合作或机会主义两种行为。因此，二者演化博弈合作机制可表示为（积极监管，积极合作），（积极监管，机会主义），（不监管，积极合作），（不监管，机会主义）。

（3）博弈主体支付参数：在政府和社会资本博弈对策选择中，二者只考虑博弈策略对自身支付带来的影响，而不考虑其他外界因素。具体假定参数为：I_G表示政府获得使用者付费和环境治理社会收益；E_G表示政府在项目识别、筛选、采购、政府付费和可行性缺口补助等方面的基本支出；I_S表示社会资本获得来自使用者、政府付费或可行性缺口补助等方面的基本收益；E_S表示社会资本在项目采购、执行和移交阶段需投入的资金和税金；A_G 表示社会资本采取积极合作的策略时政府获得的额外收益；V_1 表示政府因 PPP 项目达标或超预期而给予社会资本的合作激励；V_2 表示社会资本积极合作完成 PPP 项目获得政府给予的声誉、物质和其他激励（$V_1<V_2$）；O_G 表示社会资本采取机会主义策略时给政府造成的损失；C_G 表示政府的监管成本；O_S 表示社会资本通过弄虚作假、违规、寻租等行为获得的机会主义额外收入；O_C 表示社会资本的机会主义成本；T 表示政府对社会资本机会主义的违规惩罚。政府和社会资本的博弈矩阵如表 6-1 所示。

表 6-1　政府和社会资本的博弈矩阵

主体/策略		社会资本	
		积极合作（q）	机会主义（1−q）
政府	积极监管（p）	$I_G-E_G-V_1-C_G+A_G$，$I_S-E_S+V_2$	$I_G-E_G-O_G+T-C_G$，$I_S-E_S+O_S-O_C-T$
	不监管（1−p）	I_G-E_G，I_S-E_S	$I_G-E_G-O_G$，$I_S-E_S+O_S-O_C$

通过引入 Friedman 的分析方法，构建矿山或有环境负债治理 PPP 模式博弈模型。

6.1.2　政府博弈行为的动态演变及稳定性分析

政府对社会资本参与 PPP 项目采取“积极监管”策略的期望收益为

$$U_{11}=q(I_G-E_G-V_1-C_G+A_G)+(1-q)(I_G-E_G-O_G+T-C_G) \quad (6\text{-}1)$$

政府采取“不监管”策略时的项目期望收益为

$$U_{12}=q(I_G-E_G)+(1-q)(I_G-E_G-O_G) \quad (6\text{-}2)$$

政府的平均效益期望收益为

$$U_1^*=pU_{11}+(1-p)U_{12} \quad (6\text{-}3)$$

政府的复制动态方程为

$$F(p)=\mathrm{d}p/\mathrm{d}t=p(U_{11}-U_1^*)=p(1-p)(U_{11}-U_{12})=p(1-p)[q(A_G-V_1-T)-(C_G-T)] \quad (6\text{-}4)$$

对 $F(p)$ 求导得：$F'(p)=(1-2p)[q(A_G-V_1-T)-(C_G-T)]$

当 $q(A_G-V_1-T)-(C_G-T)=0$ 时，$q=\dfrac{C_G-T}{A_G-V_1-T}$

当 $F(p)=0$ 时，$p^*=0$、$p^*=1$ 可能是矿山或有环境负债治理 PPP 模式中政府的 2 个稳定状态点。

（1）当 $q=\dfrac{C_G-T}{A_G-V_1-T}$ 时，恒有 $F'(p)=0$，社会资本在此概率下，政府采用积极监管和不监管策略的效果相同，所有 p 值都是政府的稳定演化策略，演化效果如图 6-1（a）所示。

（2）当$q>\dfrac{C_G-T}{A_G-V_1-T}$时，因为$F'(1)<0$，所以$p^*=1$是政府在矿山或有环境负债治理 PPP 模式中的稳定演化策略，即社会资本以高于$(C_G-T)/(A_G-V_1-T)$的概率参与矿山或有环境负债治理 PPP 模式，政府的选择行为从不监管调整为积极监管，此时社会资本的积极性比较高，具体演化效果如图 6-1（b）所示。

（3）当$q<\dfrac{C_G-T}{A_G-V_1-T}$时，因为$F'(0)<0$，所以$p^*=0$是政府在矿山或有环境负债治理 PPP 模式中的稳定演化策略，即社会资本以低于$(C_G-T)/(A_G-V_1-T)$的概率参与矿山或有环境负债治理PPP模式，政府选择行为从积极监管转向不监管，具体演化效果如图 6-1（c）所示。

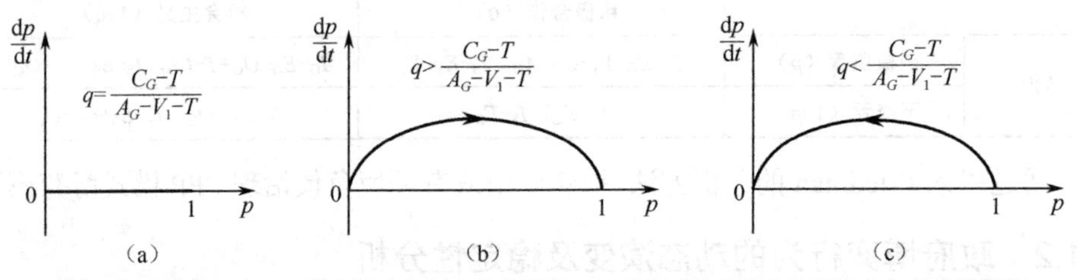

p-政府积极监管的概率；q-社会资本积极合作的概率；T-政府对社会资本选择机会主义时的惩罚；C_G-政府监管成本；A_G-社会资本积极合作时政府获得的额外收益；V_1-政府给予社会资本合作的激励

图 6-1　政府演化效果图

6.1.3　社会资本博弈行为的动态演变及稳定性分析

社会资本参与 PPP 项目采取积极合作策略的期望收益为

$$U_{21}=p(I_S-E_S+V_2)+(1-p)(I_S-E_S) \tag{6-5}$$

社会资本参与 PPP 项目采取机会主义策略的期望收益为

$$U_{22}=p(I_S-E_S+O_S-O_C-T)+(1-p)(I_S-E_S+O_S-O_C) \tag{6-6}$$

政府平均期望收益为

$$U_2^*=qU_{21}+(1-q)U_{22} \tag{6-7}$$

政府的复制动态方程为

$$F(q)=\mathrm{d}q/\mathrm{d}t=q(U_{21}-U_2^*)=q(1-q)(U_{21}-U_{22})=q(1-q)[p(V_2+T)-(O_S-O_C)] \tag{6-8}$$

对$F(q)$求导得：$F'(q)=(1-2q)[p(V_2+T)-(O_S-O_C)]$

当$p(V_2+T)-(O_S-O_C)=0$时，$p=\dfrac{O_S-O_C}{V_2+T}$

令$F(q)=0$，$q^*=0$、$q^*=1$可能是矿山或有环境负债治理 PPP 模式中社会资本的 2 个稳定状态点。

（1）当 $p=\dfrac{O_S-O_C}{V_2+T}$ 时，恒有 $F'(q)=0$，政府在此概率下，社会资本选择积极合作和机会主义策略的效果相同，所有 q 值都是社会资本的稳定演化策略，演化效果图如图 6-2（a）所示。

（2）当 $p>\dfrac{O_S-O_C}{V_2+T}$（$O_S>O_C$）时，因为 $F'(1)<0$，所以 $q^*=1$ 是社会资本在矿山或有环境负债治理 PPP 模式中的稳定演化策略，即政府以高于 $(O_S-O_C)/(V_2+T)$ 的概率对参与矿山或有环境负债治理 PPP 模式的社会资本进行积极监管时，社会资本的选择行为从机会主义调整为积极合作，此时社会资本的积极性比较高，具体演化效果如图 6-2（b）所示。

（3）当 $p<\dfrac{O_S-O_C}{V_2+T}$（$O_S>O_C$）时，因为 $F'(0)<0$，所以 $q^*=0$ 是社会资本在矿山或有环境负债治理 PPP 模式中的稳定演化策略，即政府以低于 $(O_S-O_C)/(V_2+T)$ 的概率对参与矿山或有环境负债治理 PPP 模式的社会资本不监管时，社会资本选择行为从积极合作转向机会主义策略，具体演化效果如图 6-2（c）所示。

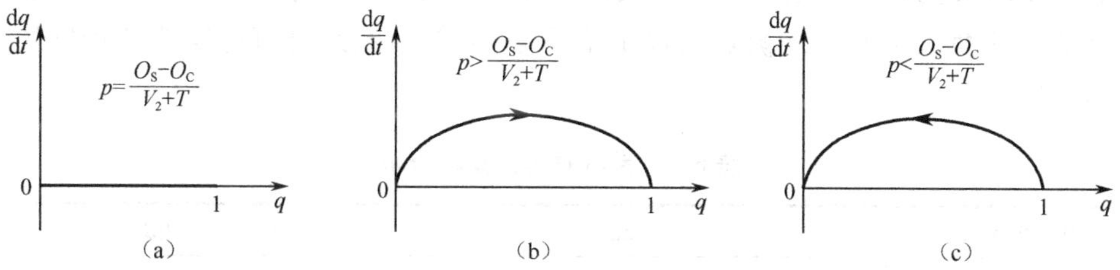

p-政府积极监管的概率；q-社会资本积极合作的概率；O_S-社会资本选择机会主义时的收益；
O_C-社会资本选择机会主义时支出成本；T-政府对社会资本机会主义的惩罚；
V_2-社会资本积极合作时得到政府的激励

图 6-2　社会资本演化效果图

（4）当 $O_S<O_C$ 时，此时 $F'(1)<0$，即 $q^*=1$ 是社会资本在矿山或有环境负债治理 PPP 模式中的稳定演化策略，而 $O_S<O_C$ 又表明社会资本选择机会主义获得的收益要大于机会成本支出，因此政府在矿山或有环境负债治理 PPP 模式中对社会资本实施积极监管对社会资本的选择影响并不重要。

6.1.4　合作机制演化稳定性分析

根据 Friedman 的分析方法，式（6-4）和式（6-8）分别对 p、q 求偏导，可得到雅可比矩阵为

$$J=\begin{bmatrix}\dfrac{\partial F(p)}{\partial p} & \dfrac{\partial F(p)}{\partial q}\\ \dfrac{\partial F(q)}{\partial p} & \dfrac{\partial F(q)}{\partial q}\end{bmatrix}=\begin{bmatrix}(1-2p)[q(A_G-V_1-T)-(C_G-T)] & p(1-p)(A_G-V_1-T)\\ q(1-q)(V_2+T) & (1-2q)[p(V_2+T)-(O_S-O_C)]\end{bmatrix}$$

雅可比矩阵 $\boldsymbol{J}$ 的行列式为

$$\begin{aligned}\det \boldsymbol{J}&=\frac{\partial F(p)}{\partial p}\cdot\frac{\partial F(q)}{\partial q}-\frac{\partial F(p)}{\partial q}\cdot\frac{\partial F(q)}{\partial p}\\&=(1-2p)\,[q(A_G-V_1-T)-(C_G-T)]\times(1-2q)\,[p(V_2+T)-(O_S-O_C)]-\\&\quad p(1-p)(A_G-V_1-T)\times q(1-q)(V_2+T)\end{aligned}$$

雅可比矩阵 $\boldsymbol{J}$ 的迹为

$$\begin{aligned}\mathrm{tr}\boldsymbol{J}&=\frac{\partial F(p)}{\partial p}+\frac{\partial F(q)}{\partial q}\\&=(1-2p)\,[q(A_G-V_1-T)-(C_G-T)]+(1-2q)\,[p(V_2+T)-(O_S-O_C)]\end{aligned}$$

令 $F(p)=0$、$F(q)=0$，得到矿山或有环境负债治理 PPP 模式中政府和社会资本 5 个均衡点(0, 0)、(0, 1)、(1, 0)、(1, 1)、(p, q)，其中 $p=\dfrac{O_S-O_C}{V_2+T}$，$q=\dfrac{C_G-T}{A_G-V_1-T}$。

根据 Cressma 的局部稳定性检验方式，以及各均衡点的雅可比矩阵行列式 det$\boldsymbol{J}$ 和迹 tr$\boldsymbol{J}$ 的正负性来判定均衡点的稳定策略 ESS[163]，系统雅可比矩阵分析结果如表 6-2 所示。

表 6-2　系统雅可比矩阵分析

均衡点(p, q)	det$\boldsymbol{J}$	tr$\boldsymbol{J}$
(0, 0)	$(T-C_G)(O_C-O_S)$	$(T-C_G)+(O_C-O_S)$
(0, 1)	$(A_G-V_1-C_G)(O_S-O_C)$	$(A_G-V_1-C_G)+(O_S-O_C)$
(1, 0)	$-(T-C_G)(V_2+T+O_C-O_S)$	$C_G+V_2+(O_C-O_S)$
(1, 1)	$(A_G-V_1-C_G)(V_2+T+O_C-O_S)$	$-(A_G-V_1-C_G)-(V_2+T+O_C-O_S)$
$\left(\dfrac{O_S-O_C}{V_2+T},\dfrac{C_G-T}{A_G-V_1-T}\right)$	$\dfrac{(O_S-O_C)(V_2+T+O_C-O_S)(C_G-T)(A_G-V_1-C_G)}{(V_2+T)(A_G-V_1-T)}$	0

从表 6-2 雅可比矩阵的迹 tr$\boldsymbol{J}$ 可以看出，在矿山或有环境负债治理 PPP 模式中，政府与社会资本系统稳定性由 4 个变量 $T-C_G$、O_C-O_S、$A_G-V_1-C_G$、$V_2+T+O_C-O_S$ 决定。而均衡点的局部稳定性有 $O_C-O_S<0$ 和 $O_C-O_S>0$ 两种情况。

（1）当 $O_C-O_S<0$，即社会资本采取机会主义策略、机会成本小于机会主义收益，$T-C_G<0$，$A_G-V_1-C_G>0$，$V_2+T+O_C-O_S>0$ 时，公私双方博弈均衡点、局部稳定性如表 6-3 所示。

表 6-3　博弈均衡点、局部稳定性分析

均衡点(*p*, *q*)	det*J*	tr*J*	局部稳定性
(0, 0)	+	−	ESS
(0, 1)	+	+	不稳定
(1, 0)	+	±	不稳定
(1, 1)	+	−	ESS
(*p*, *q*)	−	0	鞍点

由表 6-3 可以看出，均衡点(0, 0)、(1, 1)是两个系统局部稳定点，(0, 1)、(1, 0)是两个系统局部不稳定点，(*p*, *q*)是系统鞍点，分别对应二维平面上 *A*、*C*、*D*、*B* 和 *E* 五个位置，矿山或有环境负债治理 PPP 模式中政府与社会资本的系统演化相位图，如图 6-3 所示。

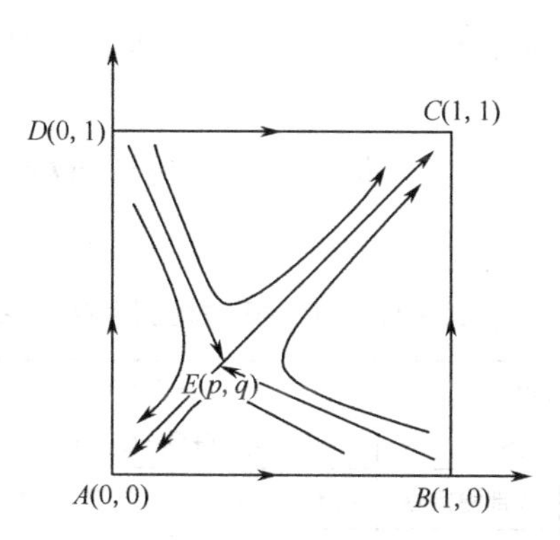

图 6-3　系统演化相位图

由图 6-3 可以看出，在矿山或有环境负债治理 PPP 模式中，政府与社会资本的初始位置决定了双方博弈的收敛方向。当初始位置落在演化区域 *ABED* 内部时，双方博弈结果将向点 *A*(0, 0)演化，即政府对社会资本参与矿山或有环境负债治理 PPP 项目采取不监管策略，社会资本也采取机会主义策略。当初始位置落在演化区域 *BCDE* 内部时，双方博弈结果将向点 *C*(1, 1)演化，即政府采取积极监管社会资本策略，社会资本也采取积极合作策略。因此要增加区域 *BCDE* 的面积，减少区域 *ABED* 的面积，推动政府和社会资本向点 *C*(1, 1)进行双赢策略演化，还需要考虑不同参数变化对双方的演化影响。

① 参数 A_G、V_2 变化对双方的演化分析。A_G 代表政府在社会资本积极合作时从 PPP 项目中获得的额外收益，V_2 代表社会资本积极合作时政府给予其的激励。当 A_G 变大时，$(C_G-T)/(A_G-V_1-T)$相应变小，此时鞍点 *E* 向左下移动，区域 *BCDE* 面积增加，系统演化收敛于 *C*(1, 1)；当 V_2 变大时，$(O_S-O_C)/(V_2+T)$相应变小，鞍

点 E 向左下移动，系统演化收敛于 $C(1, 1)$，此时（积极监管、积极合作）成为政府和社会资本的双赢策略。

② 参数 O_S-O_C 变化对二者的演化分析。O_S-O_C 为社会资本采取机会主义策略时获得的收益与机会成本的差额（净收益或者净损失）。当 O_S-O_C 变大时，$(O_S-O_C)/(V_2+T)$ 也相应变大，鞍点 E 向右上移动，区域 $BCDE$ 面积减少，系统演化收敛于 $A(0, 0)$。即社会资本在机会主义策略中净收益越大，社会资本越倾向于采取机会主义策略，而政府监管成本会更高，最后也会趋向不监管。

③ 参数 C_G-T 变化对二者的演化分析。C_G-T 代表社会资本采取机会主义策略时，政府的监管成本和对社会资本的惩罚的差额（净损失或者净收益）。当 C_G-T 变大时，$(C_G-T)/(A_G-V_1-T)$ 也变大，鞍点 E 向右上移动，区域 $BCDE$ 面积减少，系统向 $A(0, 0)$ 收敛；同时由于政府监管力度和成本增加，社会资本的 O_S-O_C 净收益又变小，鞍点 E 向左下移动，系统演化向 $C(1, 1)$ 收敛，陷于循环。因此，只有将政府的积极监管成本转化为社会资本积极合作创造的额外收益，才能更好地创造社会效益，走出循环怪圈。

（2）当 $O_C-O_S<0$、$T-C_G<0$、$A_G-V_1-C_G$、$V_2+T+O_C-O_S$ 时，均衡点局部稳定性分析如表 6-4 所示。

表 6-4 $O_C-O_S<0$、$T-C_G<0$ 时均衡点局部稳定性分析

均衡点 (p, q)	$A_G-V_1-C_G<0$, $V_2+T+O_C-O_S<0$			$A_G-V_1-C_G>0$, $V_2+T+O_C-O_S<0$			$A_G-V_1-C_G<0$, $V_2+T+O_C-O_S>0$		
	det$J$	tr$J$	局部稳定性	det$J$	tr$J$	局部稳定性	det$J$	tr$J$	局部稳定性
(0, 0)	+	−	ESS	+	−	ESS	+	−	ESS
(0, 1)	−	±	不稳定	+	+	不稳定	−	±	不稳定
(1, 0)	−	±	不稳定	−	±	不稳定	+	±	不稳定
(1, 1)	+	+	不稳定	−	±	不稳定	−	±	不稳定
(p_1, q_1)	+	0	鞍点	−	0	鞍点	−	0	鞍点

表 6-4 表明，在 $O_C-O_S<0$，$T-C_G<0$，即社会资本机会成本小于机会主义收益，政府对社会资本机会主义惩罚小于监管成本的前提下，如果政府总体收益（$A_G-V_1-C_G$）和社会资本的总体收益（$V_2+T+O_C-O_S$）有任何一方无法得到保障时（$A_G-V_1-C_G$、$V_2+T+O_C-O_S$ 不同时为正值），双方演化趋势就趋向(0, 0)，此时社会资本倾向采取机会主义策略，政府由于监管成本高于社会效益，最后也趋向不监管。

（3）当 $O_C-O_S<0$、$T-C_G>0$、$A_G-V_1-C_G$、$V_2+T+O_C-O_S$ 时，均衡点局部稳定性分析如表 6-5 所示。

表 6-5　$O_C-O_S<0$、$T-C_G>0$ 时均衡点局部稳定性分析

均衡点 (p, q)	$A_G-V_1-C_G>0$，$V_2+T+O_C-O_S>0$			$A_G-V_1-C_G<0$，$V_2+T+O_C-O_S<0$			$A_G-V_1-C_G>0$，$V_2+T+O_C-O_S<0$			$A_G-V_1-C_G<0$，$V_2+T+O_C-O_S>0$		
	det*J*	tr*J*	局部稳定性	det*J*	tr*J*	局部稳定性	det*J*	tr*J*	局部稳定性	det*J*	tr*J*	局部稳定性
(0, 0)	−	±	不稳定	−	±	不稳定	−	±	不稳定	−	±	不稳定
(0, 1)	+	+	不稳定	−	±	不稳定	+	+	不稳定	−	±	不稳定
(1, 0)	−	±	不稳定	+	±	不稳定	+	±	不稳定	−	±	不稳定
(1, 1)	+	−	ESS	+	−	ESS	−	±	不稳定	−	±	不稳定
(p_1, q_1)	−	0	鞍点	+	0	鞍点	+	0	鞍点	+	0	鞍点

表 6-5 表明，在矿山或有环境负债治理 PPP 模式中，在 $O_C-O_S<0$，$T-C_G>0$，即社会资本机会成本小于机会主义收益，政府对社会资本机会主义惩罚大于监管成本的前提下，如果政府总体收益（$A_G-V_1-C_G$）和社会资本的总体收益（$V_2+T+O_C-O_S$）同时能得到保证或者双方都存在一定损失时，演化向(1, 1)收敛；当二者中只有一方收益得到保障，而另外一方遭受损失时，即 $A_G-V_1-C_G$、$V_2+T+O_C-O_S$ 变化方向相反时，系统没有稳定的演化点。

（4）当 $O_C-O_S>0$，即社会资本机会成本大于机会主义收益时，因社会资本的总体收益（$V_2+T+O_C-O_S$）恒大于 0，这样社会资本会趋向放弃机会主义选择积极合作策略，此时系统只有(0, 0)、(0, 1)、(1, 0)、(1, 1) 4 个局部均衡点，其均衡点局部稳定性分析如表 6-6 所示。

表 6-6　$O_C-O_S>0$，其他参数变化时均衡点局部稳定性分析

均衡点 (p, q)	$T-C_G<0$ $A_G-V_1-C_G<0$			$T-C_G<0$ $A_G-V_1-C_G>0$			$T-C_G>0$ $A_G-V_1-C_G<0$			$T-C_G>0$ $A_G-V_1-C_G>0$		
	det*J*	tr*J*	局部稳定性	det*J*	tr*J*	局部稳定性	det*J*	tr*J*	局部稳定性	det*J*	tr*J*	局部稳定性
(0, 0)	−	±	不稳定	−	±	不稳定	+	+	不稳定	+	+	不稳定
(0, 1)	+	−	ESS	−	±	不稳定	+	−	ESS	−	±	不稳定
(1, 0)	+	+	不稳定	+	+	不稳定	−	+	不稳定	−	+	不稳定
(1, 1)	−	±	不稳定	+	−	ESS	−	±	不稳定	+	−	ESS

表 6-6 表明，在 $O_C-O_S>0$，即社会资本机会成本大于其对应的收益，社会资本倾向选择积极合作时，如果政府在矿山或有环境负债治理 PPP 模式中总体收益（$A_G-V_1-C_G$）<0，即政府在矿山或有环境负债治理 PPP 项目中，环境治理社会效益等额外收益无法得到保障时，政府会趋向于不监管，系统演化向(0, 1)收敛，即

政府不监管，社会资本积极合作；当政府在矿山或有环境负债治理 PPP 模式中总体收益$(A_G-V_1-C_G)>0$ 时，即政府的监督成本和对社会资本激励成本小于政府在 PPP 项目中获得的环境治理社会效益，政府的积极监管约束动力充足，系统演化向(1, 1)收敛，此时（积极监管、积极合作）成为政府和社会资本的双赢策略。

6.1.5 数值模拟仿真

使用 MATLAB R2016a 对政府与社会资本之间演化博弈的演化路径及最终的均衡状态进行数值模拟仿真分析，图中横轴表示时间，纵轴表示政府选择积极监管的初始概率/社会资本选择积极合作的初始概率，时间段 t 为[0, 10]，p 为政府选择积极监管的初始概率，q 为社会资本选择积极合作的初始概率。通过改变随机扰动变量，对各种不同情景进行仿真，观察和分析随机扰动变量的变化对政府和社会资本策略演化的影响。

（1）两方相关者选择策略初始概率扰动演化仿真。假设参数取值为：O_C=1，O_S=5，T=4，C_G=6，V_1=2，A_G=9，V_2=3。分别选取了 p=0.2、p=0.8 两种情况观察政府和社会资本在不同初始概率状态下的演化过程。由图 6-4 可知，演化曲线收敛的速度与两方相关者选择策略初始概率有关。初始概率越接近，曲线收敛越快，越容易达到均衡状态。政府选择积极监管初始概率较低（p=0.2）时［如图 6-4（a）所示］,即便社会资本选择积极合作的倾向很大,但由于缺乏政府政策激励和支持，积极性逐渐减弱，最终趋于机会主义。政府选择积极监管初始概率较高（p=0.8）时［见图 6-4（b）］，即使社会资本选择积极合作的初始概率很低（q=0.2），也会在政府监管和引导下倾向于积极合作，社会资本选择积极合作初始概率大，政府良好的激励政策会使社会资本趋于积极合作，达到双方共赢的效果。

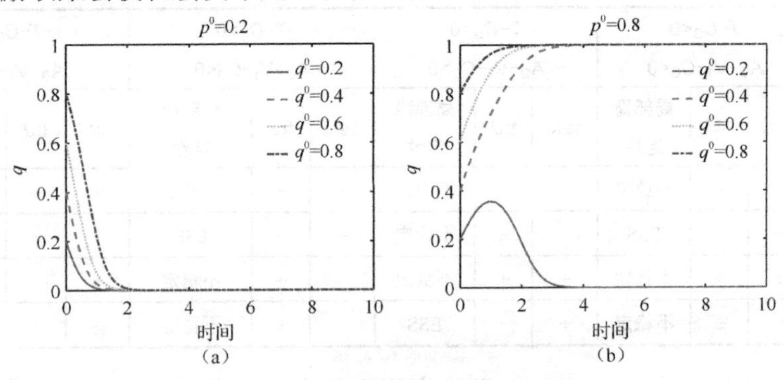

图 6-4 初始概率不同时的动态演化图

（2）社会资本的机会主义成本（O_C）扰动强度的演化仿真。假设参数取值为：O_S=5，T=4，C_G=6，V_1=2，A_G=9，V_2=3，分别选取了 O_C=1、O_C=4、O_C=8 三种情况观察。假设政府选择积极监管的初始概率为 p=0.8，社会资本在不同初始概率状态下的演化过程如图 6-5 所示。

在政府采取积极监管（p=0.8）措施的前提下，随着社会资本实行机会主义成本支出 O_C 不断提高，社会资本起初会选择机会主义，但很快发现政府监管严格，会导致采取该行为所获得的收益较少甚至亏损，机会主义策略损失很大，因而迅速放弃机会主义策略，倾向于选择和政府积极合作。通过合作获得的项目收益，以及因为积极合作获得的政府激励会远大于采取机会主义的收益，同时会带来社会资本良好的社会信誉和口碑，社会资本有极大动力和概率选择积极合作。从图 6-5 中可以发现，社会资本机会主义成本 O_C 越高，演化曲线达到均衡状态的收敛速度就越快。

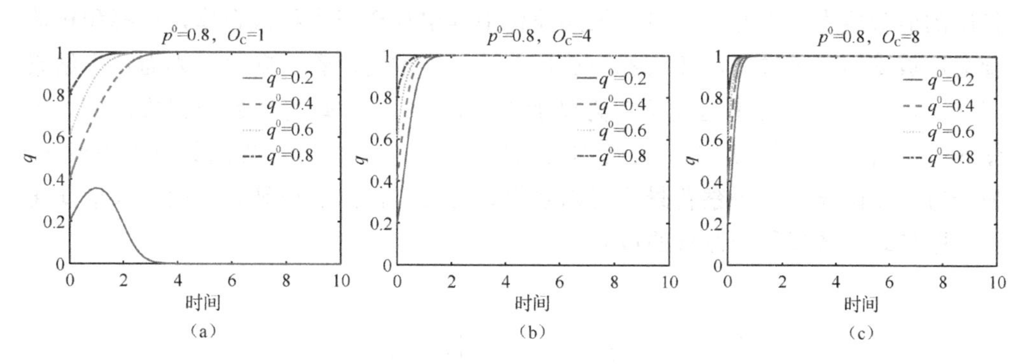

图 6-5　社会资本选择机会主义成本变化动态演化图

（3）社会资本机会主义额外收入（O_S）扰动强度的演化仿真。假设参数取值为：O_C=2，T=4，C_G=6，V_1=2，A_G=9，V_2=3，分别选取 O_S=1、O_S=4、O_S=8 三种情况观察。假设政府选择积极监管初始概率为 p=0.8，社会资本在不同初始概率状态下的演化过程如图 6-6 所示。即便在政府采取积极监管（p=0.8）的前提条件下，当社会资本通过弄虚作假、违规、寻租等行为获得机会主义额外收入高，但社会资本发现政府的违规惩罚和公众举报损失不高时，不论社会资本最初有多大初始概率选择积极合作，都会在长期的演化过程中被巨大的收益所诱惑，最终趋于采取机会主义策略，这是政府最不愿意看到的情形。

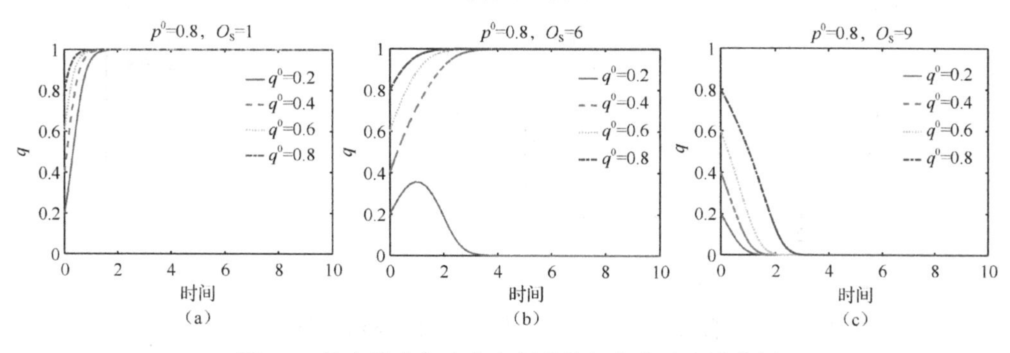

图 6-6　社会资本机会主义额外收入变化动态演化图

（4）政府对违规惩罚（T）扰动强度的演化仿真。假设参数取值为：O_C=1，O_S=5，C_G=6，V_1=2，A_G=9，V_2=3，分别选取 T=3、T=8 两种情况观察。假设社会资本选择积极合作初始概率为 0.8，政府的演化趋势如图 6-7（a）、图 6-7（b）所示；政府选择积极监管的初始概率为 0.8，社会资本的演化趋势如图 6-7（c）、图 6-7（d）所示。政府的演化动态，由图 6-7（a）可知，在社会资本采取积极合作初始概率（q=0.8）较大，但对其违规惩罚力度（T=3）不大的情形下，政府会趋于选择不监管的策略。一是因为社会资本选择积极合作的意愿强，违规行为概率较低；二是因为惩罚力度不大，政府加强监管力度惩罚违规获取的收益不多，甚至不能抵消付出的监管成本。为此，政府在长期演化中确定社会资本积极合作，选择积极监管会造成支出成本过高，政府希望放松对社会资本的监管，向“无为而治”结果演化。但当对社会资本违规惩罚力度加大（T=8）时，政府会趋向积极监管［见图 6-7（b）］。一方面政府对社会资本违规惩罚获取收入增加会提高其监管积极性，另一方面在国家环保督察背景下可以获得政府良好作为的口碑。因此，长期演化下，驱使政府选择积极监管的策略。

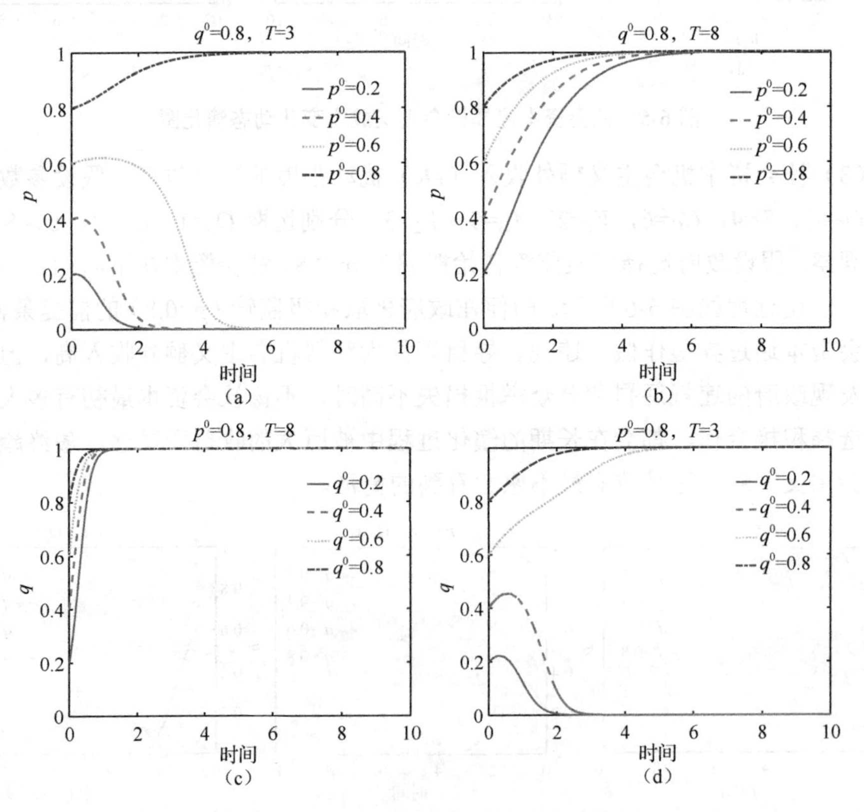

图 6-7　政府违规惩罚变化的动态演化图

社会资本的演化动态，在政府采取积极监管的初始概率（p=0.8）较大，但对社会资本违规的惩罚力度（T=3）不大的情形下，社会资本的选择会受到初始概率的影响。如果社会资本与政府的合作意愿较大，那么它极有可能会顺势而为，采取积极合作策略达到双赢。反之，若社会资本意愿较低，在 PPP 项目合作过程中因为利益获取、风险承担等方面与政府发生分歧，则有可能会选择机会主义。因此，若加大监管和失信惩罚力度，如针对社会资本采取恶意违规和低价行为投标、虚假融资或者违规抵押质押 PPP 项目资产、造假移交等行为加大惩罚力度，采取高倍补偿损失、拉入 PPP 黑名单等方式，社会资本或因害怕违规行为导致高昂的代价，而选择积极合作的保守策略。

（5）政府的监管成本（C_G）扰动强度的演化仿真。假设参数取值为：O_C=1，O_S=5，T=4，V_1=2，A_G=9，V_2=3，分别选取 C_G=2、C_G=6、C_G=8 三种情况观察。假设社会资本积极合作初始概率为 q=0.8，当政府监管成本较低（C_G=2）时，政府因监管成本较低不会对财政造成负担，反而会因监管得力树立良好的形象，因此经过长期演化，最终会采取积极监管策略［见图 6-8（a)］。随着政府监管成本的不断提升，当监管成本适中（C_G=6）时［见图 6-8（b)］，政府演化的最终均衡状态受到初始概率的影响，当政府初始概率越接近理想状态，选择积极监管的概率越大。当监管成本较高（C_G=8）的时候，政府不愿花费高昂的代价去实现监管行为，此时会导致消极作为乃至不作为的局面。所以，唯有进一步完善法律法规，吸纳公众的力量，缓解政府监管成本的压力，保持政府监管的积极性，才能提升矿山废弃地的治理效果。

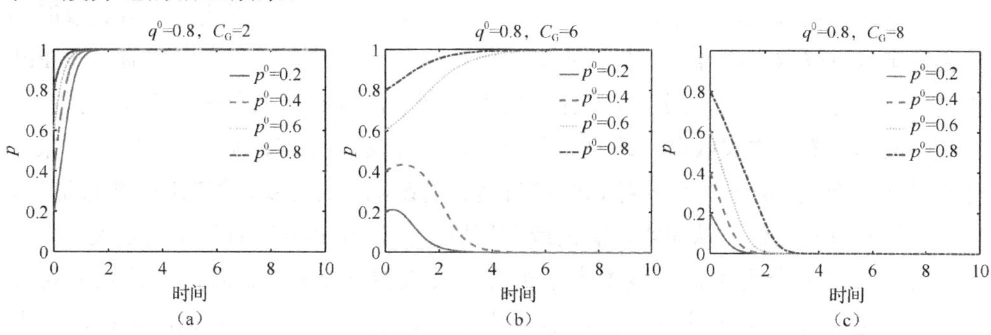

图 6-8　政府监管成本变化的动态演化图

（6）政府从 PPP 项目中获得的额外收益（A_G）扰动强度的演化仿真。假设参数取值为：O_C=1，O_S=5，T=4，C_G=6，V_1=2，V_2=3，假设社会资本积极合作初始概率为 q=0.8，政府额外收益变化的动态演化情况如图 6-9 所示。若政府从 PPP 项目中获得的额外收益超出项目约定目标（如矿山土地修复、生态环境优化等社会效益、社会福利和环境优化带来的使用者付费等增加），政府会因为从 PPP 项目中获益高而提高监管的积极性，长期演化会趋于积极监管的状态。

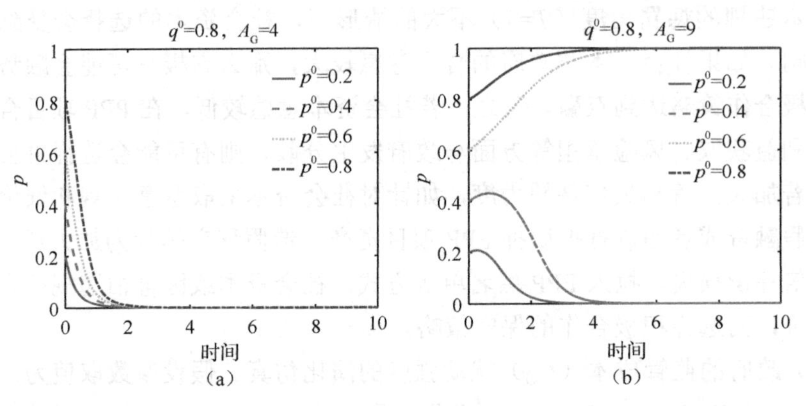

图 6-9　政府额外收益变化的动态演化图

6.1.6　结论与建议

本节对矿山或有环境负债治理 PPP 模式中两个核心利益相关者的演化博弈行为进行了分析，并探讨了不同变量扰动情形下政府和社会资本的演化博弈均衡情况。研究结果表明：利益相关者选择策略初始概率、社会资本机会成本、机会主义收益、政府惩罚力度、监管成本及政府在 PPP 项目中的额外收益等随机干扰因素会影响政府和社会资本选择策略的演化过程。当机会主义收益干扰因素增强时，社会资本更倾向于选择冒险投机的机会主义策略；当监管成本干扰因素增强时，政府会因为监管支出高昂、监管效率低下而导致动力不足从而选择不监管。因此，为避免政府和社会资本双方采取（不监管、机会主义）的策略，导致矿山或有环境负债治理 PPP 项目低效运行甚至失败，损害各利益相关者的利益，政府和社会资本需要在社会资本机会成本与机会主义收益、政府惩罚力度、监管成本及 PPP 项目收益等方面采取有效措施，降低随机干扰因素对 PPP 项目运行的影响，实现双方策略向（积极监管，积极合作）方向演化，从而实现矿山或有环境负债治理 PPP 项目的良性发展。

第一，在社会资本机会成本小于机会主义收益（$O_C<O_S$）时，即使政府对社会资本机会主义行为惩罚低于政府监管成本（$T<C_G$），但若能使政府在矿山或有环境负债治理 PPP 项目中获得的额外收益 A_G（如带来的超出项目约定目标和要求的矿山土地修复、生态环境优化等社会效益、社会福利和环境优化带来的使用者付费等）增加；或者社会资本在矿山或有环境负债治理 PPP 项目中在社会效益和社会福利创造上超出政府的预期，政府给予其在声誉、物资和其他方面的激励 V_2 增加，那么政府积极监管动力充足，社会资本合作的积极性高，双赢合作成为稳定均衡策略。

第二，在社会资本机会成本小于机会主义收益（$O_C<O_S$），但政府对社会资本机会主义行为惩罚 T 大于政府监管成本（$T>C_G$）时，如果在矿山或有环境负债治理 PPP 项目中政府的整体利益（$A_G-V_1-C_G$）能够得到保障，即政府在项目中的额外收益大于政府的监管成本和对社会资本的激励支出，那么政府的积极监管动力充足；社会资本整体获利（$V_2+T+O_C-O_S$）也能够得到保障，那么双赢合作成为稳定均衡策略。

第三，当政府加大对社会资本机会主义行为惩罚 T，并使得社会资本机会成本远大于机会主义收益（$O_C>O_S$）时，此时系统演化博弈趋向由政府来主导。政府可以在演化过程中给予一定的外部影响，如在保证常规项目收益的基础上降低监管成本，提升社会资本积极合作的口碑、声誉收益，从而改变演化结果，实现稳定策略均衡。

综上，结合我国矿山或有环境负债治理 PPP 模式发展现状，研究认为应从以下方面入手。

（1）优化法规程序，降低政府监管成本。在 PPP 模式中，信息不对称是造成政府监管成本提升的重要原因。在 2018 年 PPP 模式规范调控的背景下，进一步完善矿山或有环境负债治理和土地整理的 PPP 法规，提高 PPP 项目标准化程度，组建专业的 PPP 中心或委托专业第三方在项目识别阶段采用竞争性磋商；在项目执行阶段承担矿山或有环境负债治理 PPP 项目的技术支持、政策服务、环保评估等职责；在项目移交阶段对矿山或有环境负债治理 PPP 项目进行全周期绩效评估，对项目周期各个阶段建立良好的监督约束机制，提升矿山或有环境负债治理 PPP 项目效率。同时，针对社会资本采取恶意违规和低价行为投标、虚假融资或者违规抵押质押 PPP 项目资产、造假移交等行为加大惩罚力度，采取如高倍补偿损失、拉入 PPP 黑名单、全社会曝光、公众媒体监督等方式降低政府的监管成本。

（2）创新渠道，强化对社会资本的激励约束。社会资本在矿山或有环境负债治理 PPP 项目真正获得期望收益才能使双方合作趋向双赢。为此，政府一方面可以在矿山或有环境负债治理 PPP 项目起步阶段，对此类公益性 PPP 项目配置部分土地资产的二级开发权或对修复土地的再利用加以政策激励，如社会资本获得废弃土地复垦后土地指标交易收益、经营性用地经营权等经营收益。另一方面可以强化对社会资本的声誉和口碑等无形激励，如建立经典项目示范库和 PPP 红榜提升信用等级、给予社会资本冠名权提升其知名度和后期优先合作机会等，在降低政府的激励成本 V_1 时，还能提升社会资本的激励收益 V_2。

（3）全民参与建立反向约束和公众监督机制。针对矿山或有环境负债治理 PPP 项目这种低利项目，政府首先从法规政策层面确定社会资本的最高基准收益率，以保障环境治理社会效益和公众利益。在矿山或有环境负债治理 PPP 模式成熟时，逐步减少政府对社会资本的激励。同时建立对政府的反向监督，完善政府信息公开、畅通举报通道、形成公众和媒体监督、披露机制，防止政府在矿山或有环境负债治理PPP项目中的机会主义。

6.2 政府、社会资本和公众三方演化仿真分析

矿山或有环境负债治理项目由于废弃物比例高、资源利用率低等特性导致项目整体收益甚微[120]。为了吸引社会资本参与，部分地方政府监管部门松懈对社会资本行为的监管，甚至出现项目实施机构与社会资本合谋不正当利益的情况[121]。矿山或有环境负债治理是一个多主体相互协同的复杂系统工程，如果想实现PPP模式在矿山或有环境负债治理的良好应用，恢复生态并植入适合产业，很大程度上取决于多主体间的协同。在PPP模式实际运行中，有时会出现政府在PPP项目中偏好融资、轻监管的现象[122]，具有趋利性特征的社会资本在运营过程中容易滋生机会主义，传统的政府监管模式不能很好地减少社会资本的机会主义倾向[123]。公众作为PPP项目的实际消费者，受到监管成本[124]、监管渠道[125]、项目专业性和复杂性[126]等因素限制，参与监督的主动性和自觉性不高，难以直接提供有效的监督管理。主体间协同性低的现状，使得PPP模式应用并不能达到预期效果。

针对以上问题，目前已有研究主要集中在监管主体、监管方式等方面。在监管主体上，Guasch等[127]认为可以通过缔结契约的合作关系来减轻政府财政压力。王俊豪等[128]指出实现PPP项目有效监管的关键在于将政府力量与市场机制结合。随着“共治”理念深入，将公众等第三方力量引入PPP项目监管体系也成为研究焦点。叶晓甦等[129]指出在公共产品供给领域引导公众参与的必要性和重要性。王晓楠等[130]构建了公众环境治理参与行为的影响因素嵌套模型，从微观、宏观两个层面分析公众环境治理参与行为。陆如霞等[131]讨论了在有公众参与的情况下，环保PPP项目运营监管过程中社会资本和政府间的博弈行为。

在监管方式上，裴俊巍等[132]通过对国外PPP监管体系的研究，总结出地方自主模式、中央主导模式和平行混合模式三种模式，并据此探索中国适用的制度模式。Duan等[133]通过研究各利益相关者的行为策略，发现政策不同组合能够实现理想环境监管。张艳茹等[134]发现补偿模式在避免社会资本的机会主义行为方面，效果要优于惩戒模式。何雪锋等[135]提出应根据行业及项目特征采用不同监管方式，在矿山或有环境负债治理实际应用中，存在治理主体不明、资金需求大等问题，研究发现PPP模式同样适用于矿山或有环境负债治理。杨彤[119]从不同角度出发，构建了矿山或有环境负债治理过程中政府和社会资本两个利益相关者的演化博弈基本分析框架。刘亦晴等[82]界定了矿山或有环境负债治理PPP模式中政府和

社会资本2个核心利益相关者，并通过构建演化博弈稳定均衡模型讨论其行为策略。

综上，现有研究较少从系统视角考虑利益相关者之间的协同作用，关于矿山或有环境负债治理PPP项目，当前研究相对缺乏从项目监管角度的思考，且缺乏将公众等第三方力量进行量化分析并考虑到项目决策中的假设。本研究运用系统思维，通过构建矿山或有环境负债治理PPP项目监管过程中公众、政府、社会资本三方演化博弈模型，分析三者间的稳定均衡演化策略，同时构建三方监管的系统动力学模型，运用计算机仿真模拟，分析在不同情景下，不同变量变动对相关者协同演化的影响，以期提出相应对策。

6.2.1　博弈模型假设

在6.1.1节的基础上，本节引入公众这一主体，政府、社会资本、公众的行为策略分别为（积极监管，不监管），（积极合作，机会主义），（参与监督，不参与监督）。

（1）变量设置。设定 G_1、G_2 分别为政府积极监管、不监管的政绩收益，且 $G_1>G_2$；C_4、C_5 分别为政府积极监管、不监管的监管成本；T_1、T_2 分别为政府积极监管、不监管时对社会资本的补贴，且 $T_1>T_2$；政府对社会资本机会主义的罚金为 F，政府对社会资本的合作激励为 J_1，政府对参与监督的公众激励为 J_2，政府采取不监管策略时因公众举报遭受的损失为 L_2。

R_1、R_2 分别为社会资本采取积极合作、机会主义时获得的利润；C_1、C_2 分别为社会资本采取积极合作、机会主义时的支出成本；社会资本采取机会主义策略时因公众举报遭受的损失为 L_1。

J_2、J_3 分别为公众在参与监督时获得的直接收益和间接收益；公众参与监督的成本为 C_3，社会资本采取机会主义策略时公众遭受的损失为 S。

基于上述损益变量，三者在不同策略下的支付矩阵，如表6-7、表6-8所示。

表6-7　公众参与监督（$P_P=z$）时矿山或有环境负债治理博弈支付矩阵

	行为策略	政府	
		积极监管 p	不监管（$1-p$）
社会资本	积极合作 q	$G_1-C_4-T_1-J_1-J_2$	$G_2-C_5-L_2-T_2-J_1-J_2$
		$R_1+J_1+T_1-C_1$	$R_1+J_1+T_2-C_1$
		$J_2+J_3-C_3$	$J_2+J_3-C_3$
	机会主义（$1-q$）	$G_1+F-C_4-J_2$	$G_2-C_5-L_2-J_2+F$
		$R_2-C_2-F-L_1$	$R_2-C_2-F-L_1$
		$J_2+J_3-C_3-S$	$J_2+J_3-C_3-S$

表 6-8　公众不参与监督（P_P=1−z）时矿山或有环境负债治理博弈支付矩阵

行为策略		政府	
		积极监管 p	不监管（1−p）
社会资本	积极合作 q	$G_1-C_4-T_1-J_1$	$G_2-C_5-T_2-J_1$
		$R_1+J_1+T_1-C_1$	$R_1+J_1+T_2-C_1$
		0	0
	机会主义（1−q）	G_1+F-C_4	G_2-C_5
		R_2-C_2-F	R_2-C_2-F
		$-S$	$-S$

（2）模型建立。假定 U_{11}、U_{12}、U_1^* 分别为公众"参与监督""不参与监督"的期望收益、平均期望收益，根据博弈假设及支付矩阵，可知

$$U_{11}=J_2+J_3-C_3-S+qS \tag{6-9}$$

$$U_{12}=qS-S \tag{6-10}$$

$$U_1^*=zU_{11}+(1-z)U_{12}=J_2+J_3-C_3-S+qS \tag{6-11}$$

由式（6-9）、式（6-10）可知，公众选择"参与监督"的复制动态方程为

$$P(z)=\mathrm{d}z/\mathrm{d}t=z(U_{11}-U_1^*)=z(1-z)(J_2+J_3-C_3) \tag{6-12}$$

假设 U_{21}、U_{22}、U_2^* 为政府"积极监管""不监管"的期望收益、平均期望收益，同上得出

$$U_{21}=G_1+F-C_4-zJ_2-qT_1-qJ_1-qF \tag{6-13}$$

$$U_{22}=G_2-G_5-zpF-zL_2-zJ_2+zF-qT_2-qJ_1 \tag{6-14}$$

$$\begin{aligned}U_2^*&=PU_{21}+(1-p)U_{22}\\&=pG_1+pF-pC_4-pqT_1-pqF+G_2-G_5-zqF-zL_2\\&\quad-zJ_2+zF-qT_2-qJ_1-pG_2+pG_5+zpqF+zpL_2-zpF+pqT_2\end{aligned} \tag{6-15}$$

由式（6-13）、式（6-14）可知，政府选择"积极监管"的复制动态方程为

$$\begin{aligned}G(p)&=\mathrm{d}p/\mathrm{d}t=p(U_{21}-U_2^*)\\&=p(1-p)(G_1+F-C_4-qT_1-qF-G_2+G_5+zqF+zL_2+qT_2-zF)\end{aligned} \tag{6-16}$$

假设 U_{31}、U_{32}、U_3^* 分别为社会资本"积极合作""机会主义"的期望收益、平均期望收益，同上得出

$$U_{31}=pT_1-pT_2+R_1+J_1+T_2-C_1 \tag{6-17}$$

$$U_{32}=R_2-C_2-F-zL_1 \tag{6-18}$$

$$\begin{aligned}U_3^*&=qU_{31}+(1-q)U_{32}\\&=pqT_1-pqT_2+qR_1+qJ_1+qT_2-qC_1+R_2-C_2-F-zL_1-qR_2+qC_2+qF+zqL_1\end{aligned} \tag{6-19}$$

由式（6-17）、式（6-18）可知，社会资本选择“积极合作”的复制动态方程为

$$\begin{aligned} S(q) &= \mathrm{d}q/\mathrm{d}t = q(U_{31} - U_3^*) \\ &= q(1-q)(pT_1 - pT_2 + R_1 + J_1 + T_2 - C_1 - R_2 + C_2 + F + zL_1) \end{aligned} \tag{6-20}$$

6.2.2 演化路径及演化稳定策略分析

在矿山或有环境负债治理 PPP 项目监管的过程中，社会资本、政府、公众作为有限理性人追求自身利益最大化，会根据期望利益值选择自身行为策略。

根据上述分析得到

$$\begin{cases} P(z) = \mathrm{d}z/\mathrm{d}t = z(1-z)(J_2 + J_3 - C_3) \\ G(p) = \mathrm{d}p/\mathrm{d}t = p(1-p)(G_1 + F - C_4 - qT_1 - qF - G_2 + G_5 + zqF + zL_2 + qT_2 - zF) \\ S(q) = \mathrm{d}q/\mathrm{d}t = q(1-q)(pT_1 - pT_2 + R_1 + J_1 + T_2 - C_1 - R_2 + C_2 + F + zL_1) \end{cases} \tag{6-21}$$

上述复制动态方程组（6-21）反映了公众、政府和社会资本三方策略调整的速率。令 $\boldsymbol{X} = (P(z),\ G(p),\ S(q))^{\mathrm{T}} = f(\boldsymbol{X}, t) = 0$，此时，系统存在以下局部均衡点 $\boldsymbol{X}_1 = (0,0,0)^{\mathrm{T}}$，$\boldsymbol{X}_2 = (0,1,0)^{\mathrm{T}}$，$\boldsymbol{X}_3 = (0,1,1)^{\mathrm{T}}$，$\boldsymbol{X}_4 = (0,0,1)^{\mathrm{T}}$，$\boldsymbol{X}_5 = (1,0,0)^{\mathrm{T}}$，$\boldsymbol{X}_6 = (1,1,0)^{\mathrm{T}}$，$\boldsymbol{X}_7 = (1,0,1)^{\mathrm{T}}$，$\boldsymbol{X}_8 = (1,1,1)^{\mathrm{T}}$。

根据 Friedman 提出的分析方法，得到雅可比矩阵 $\boldsymbol{J}$

$$\boldsymbol{J} = \begin{bmatrix} (1-2z)(J_2 + J_3 - C_3) & 0 & 0 \\ p(1-p)(qF - F + L_2) & (1-2p)\begin{bmatrix} G_1 + F - C_4 - G_2 + G_5 + \\ q(zF + zL_2 + T_2 - T_1 - F) + z(L_2 - F) \end{bmatrix} & p(1-p)(T_2 - T_1 - F + zF) \\ q(1-q)L_1 & q(1-q)(T_1 - T_2) & (1-2q)\begin{bmatrix} p(T_1 - T_2) + zL_1 + R_1 + J_1 + \\ T_2 - C_1 - R_2 + C_2 + F \end{bmatrix} \end{bmatrix} \tag{6-22}$$

依次把局部均衡点 $\boldsymbol{X}_1$～$\boldsymbol{X}_8$ 代入式（6-22），可以分别得到其特征根，如表 6-9 所示。

表 6-9　各均衡点下雅可比矩阵特征值

均　衡　点	特征根 λ_1	特征根 λ_2	特征根 λ_3
$\boldsymbol{X}_1(0,0,0)$	$J_2+J_3-C_3$	$G_1+F-G_2+C_5$	$R_1+J_1+T_2-C_1-R_2+C_2+F$
$\boldsymbol{X}_2(0,1,0)$	$J_2+J_3-C_3$	$-G_1-F+C_4+G_2-C_5$	$T_1+R_1+J_1-C_1-R_2+C_2+F$
$\boldsymbol{X}_3(0,1,1)$	$J_2+J_3-C_3$	$-G_1+C_4+T_1-T_2-G_2+C_5$	$T_1-R_1-J_1+C_1+R_2-C_2-F$
$\boldsymbol{X}_4(0,0,1)$	$J_2+J_3-C_3$	$G_1-C_4-T_1+T_2-G_2+C_5$	$-R_1-J_1-T_2+C_1+R_2-C_2-F$
$\boldsymbol{X}_5(1,0,0)$	$C_3-J_2-J_3$	$G_1-C_4-G_2+C_5+L_2$	$L_1+R_1+J_1+T_2-C_1-R_2+C_2+F$
$\boldsymbol{X}_6(1,1,0)$	$C_3-J_2-J_3$	$-G_1+C_4-L_2+G_2-C_5$	$T_1-T_2+L_1+R_1+J_1+T_2-C_1-R_2+C_2+F$

续表

均衡点	特征根 λ_1	特征根 λ_2	特征根 λ_3
$X_7(1, 0, 1)$	$C_3-J_2-J_3$	$G_1-C_4-T_1+T_2+L_2-G_2+C_5$	$-L_1-R_1-J_1-T_2+C_1+R_2-C_2-F$
$X_8(1, 1, 1)$	$C_3-J_2-J_3$	$-G_1+C_4+T_1-T_2-L_2-G_2+C_5$	$-T_1-L_1-R_1-J_1+C_1+R_2-C_2$

根据演化博弈理论，把局部均衡点分别代入雅可比矩阵中。当出现雅可比矩阵所有特征根为非负时，该点为此博弈模型的均衡 ESS 点。将均衡点 $X_1(0, 0, 0)$ 代入雅可比矩阵式（6-22），得出特征根 $\lambda_2=G_1+F-G_2+C_5$，令其小于 0，则有 $G_1+F+C_5<G_2$，与原始假设 $G_1>G_2$ 矛盾，故不予讨论。其他情形下的系统均衡状态如表 6-10 所示。

表 6-10　各情形下的系统均衡状态

情形	均衡点	所有特征根为负
1	$X_2(0, 1, 0)$	$J_2+J_3 < C_3$，$\Delta I_2 < \Delta I_1+F$，$\Delta I_3+F+T_1+J_1<\Delta I_4$
2	$X_3(0, 1, 1)$	$J_2+J_3 < C_3$，$\Delta T < \Delta I_1+\Delta I_2$，$\Delta I_4+T_1<\Delta I_3+J_1+F$
3	$X_4(0, 0, 1)$	$J_2+J_3 < C_3$，$\Delta I_1 < \Delta T+\Delta I_2$，$\Delta I_4 < \Delta I_3+F+J_1+T_2$
4	$X_5(1, 0, 0)$	$C_3 < J_2+J_3$，$\Delta I_1+L_2 < \Delta I_2$，$\Delta I_3+L_1+J_1+T_2+F < \Delta I_4$
5	$X_6(1, 1, 0)$	$C_3 < J_2+J_3$，$\Delta I_2 < \Delta I_1+L_2$，$\Delta T+\Delta I_3+L_1+J_1+T_2+F < \Delta I_4$
6	$X_7(1, 0, 1)$	$C_3 < J_2+J_3$，$\Delta I_1+L_2 < \Delta T+\Delta I_2$，$\Delta I_4 < \Delta I_3+L_1+J_1+T_2+F$
7	$X_8(1, 1, 1)$	$C_3 < J_2+J_3$，$\Delta T < \Delta I_1+\Delta I_2+L_2$，$\Delta I_4 < \Delta I_3+T_1+L_1+J_1$

表 6-10 中，ΔI_1 表示政府积极监管下的净收益，ΔI_2 表示政府不监管下的净收益，ΔI_3 表示社会资本积极合作下的净收益，ΔI_4 表示社会资本机会主义下的净收益，ΔT 表示政府积极监管时对社会资本的补贴增量。

（1）对公众而言，行为策略选择取决于 J_2、J_3、C_3 三个变量值。当 $J_2+J_3< C_3$ 时，公众参与监督成本高，参与监督行为获取收益较低，驱动监督行为动力不足，公众最终选择“不参与监督”；当 $J_2+J_3>C_3$ 时，公众参与项目监督收益高于监督成本，公众参与监督意愿增强。因此，公众监督意愿取决于其参与监督成本与激励收益之间的净差值。

（2）对政府而言，行为策略选择取决于 ΔI_1 及 ΔI_2 两个变量值，当政府积极监管获得的净收益（ΔI_1）大于不监管的净收益（ΔI_2）时，政府为维持自身公信力、保障公众环保需求，会选择积极监管。反之，政府会因激励动力不足，最终选择不监管。

（3）对社会资本而言，行为策略的选择取决于 ΔI_3 及 ΔI_4 两个变量值，当社会资本积极合作获得的净收益（ΔI_3）小于机会主义的净收益（ΔI_4）时，社会资本在机会主义的高额利益驱动下，宁愿承担罚款风险，放弃政府激励和补贴，也要选择机会主义。反之，社会资本会放弃短期机会主义收益，从长远角度主动选择积极合作。由此可见，积极合作与机会主义之间的净收益差额在很大程度上影响社会资本的行为策略选择。

6.2.3　系统动力学仿真分析

在上述分析中，政府、社会资本、公众三方相关者预期收益涉及多变量且行为策略多样，仅通过数学方法难以求解，为此，本研究采用系统动力学方法研究三者行为策略演化轨迹。

研究选择甘井子区作为研究对象。目前甘井子区有八大主要矿区，分别是后盐废矿区、鞍钢大连石灰石矿区、榆山废矿区、狼山废矿区、骆驼山废矿区、玉山废弃矿、南大山废弃矿、大连水泥集团（石板山石灰石废矿）。对废弃矿坑进行复垦和治理，对于恢复生态环境，整合国土资源具有重要意义。在《甘井子区国民经济和社会发展第十二个五年规划纲要说明（征求意见稿）》中提出，“十二五”期间，要对全区 50%以上的废弃矿坑恢复利用或恢复绿化。其中，要对骆驼山一带的矿坑，结合新机场填海进行治理；对东玉山、狼山、鞍子山东矿区实施国土整理工程，使其恢复为建设用地；对后盐等建设用地规划范围内的矿坑，结合地块开发建设，实现恢复利用。甘井子区废弃矿区综合整治规划情况如表 6-11 所示。

表 6-11　甘井子区废弃矿区综合整治规划

片　　区	整 治 定 位
后盐废矿区	“产业+城区”综合整治模式，发展专业市场、物流产业，建设配套住宅，实现产业聚集
鞍钢大连石灰石矿区	生态–城市体，综合进行生态景观设计，打造高端生态居住地
榆山废矿区	集中发展居住、文化和商业
狼山废矿区	聚焦居住和商业功能
骆驼山废矿区	聚焦体育特色小镇建设
玉山废弃矿	以居住、商业为主要功能，打造生态宜居、娱乐休闲胜地
南大山废弃矿	以居住、商业、文教、体育为主要功能，与大连国际机场片区形成功能互补
大连水泥集团（石板山石灰石废矿）	聚焦仓储物流，完善大连空港商务区

参照系统动力学分析方法，运用 Vensim 软件，将模型初始条件设置为初始时间为 0、结束时间为 100、时间步长为 1。模型中主要计算公式由复制动态方程

组［式（6-21）］设定。相关参数根据甘井子区废弃矿区综合整治生态修复 PPP 项目获取的部分数据，以及统计年鉴和相关统计公报的数据来设置，设定 G_1=0.7，G_2=0.5，C_4=0.2，C_5=0.12，T_1=0.2，T_2=0.1，F=0.1，J_1=0.1，J_2=0.1，L_2=0.6，R_1=0.4，R_2=0.7，C_1=0.4，C_2=0.2，L_1=0.2，J_3=0.5，C_3=0.7，S=0.7。最终形成政府、社会资本、公众三方演化博弈系统动力学模型（SD 模型），如图 6-10 所示。为避免利益相关者自身初始意愿对演化结果产生影响，假设政府、社会资本、公众都是风险中立型，初始意愿 p=q=z=0.5。

1．初始状态仿真分析

初始情形下三方演化情况如图 6-11 所示，在初始条件设定时主要考虑：（1）在生态文明最严政策背景下，政府在矿山或有环境负债治理 PPP 项目中采取积极监管获取政绩效益远大于其成本；（2)矿山或有环境负债治理 PPP 项目公益性较强、可获利豁口较小，缺乏外部监督，政府由于受到财政资金限制可提供补贴较少，相较之下社会资本采取机会主义行为收益较大；（3）在 PPP 项目监管还未完全体系化之前，公众是外部重要监督力量，但由于监督获利较小且监督成本过高，公众参与监督积极性和主动性不强。基于以上考虑，初始演化趋于政府积极监管、社会资本采取机会主义行为、公众不参与监督的均衡状态。

2．关键因素仿真分析

本部分主要提炼出 5 个在矿山或有环境负债治理过程中驱动三方有效监管的关键因素：政府积极监管成本 C_4，政府积极监管对社会资本积极合作的补贴 T_1，政府对社会资本机会主义行为罚金 F，公众举报机会主义行为直接收益 J_2，公众举报成本 C_3。对上述因素分别进行仿真分析，观察三者演化轨迹，探索三者实现共赢的行为策略。

（1）政府积极监管成本 C_4 仿真分析。如图 6-12（a）所示，当政府积极监管成本 C_4 发生变化时，若 C_4 增加到 0.6 单位，政府最终趋于不监管状态，社会资本收敛于机会主义行为的速度加快。原因在于，当监管成本处于较低水平（C_4=0.2、C_4=0.4）时，政府较少的成本支出就能达到项目监管目的，因此会选择积极监管。但随着监管成本增加，财政压力导致政府选择积极监管概率降低并趋于 0。如图 6-12（b）所示，社会资本在利润空间极小的初始设定下，无论监管成本如何变化均选择机会主义行为策略。但随着监管成本上升，政府逐渐放松对社会资本机会主义行为的监管，社会资本收敛于机会主义行为策略速度也相应加快。如图 6-12（c）所示，政府监管成本 C_4 不是驱动公众有效参与的关键因素。

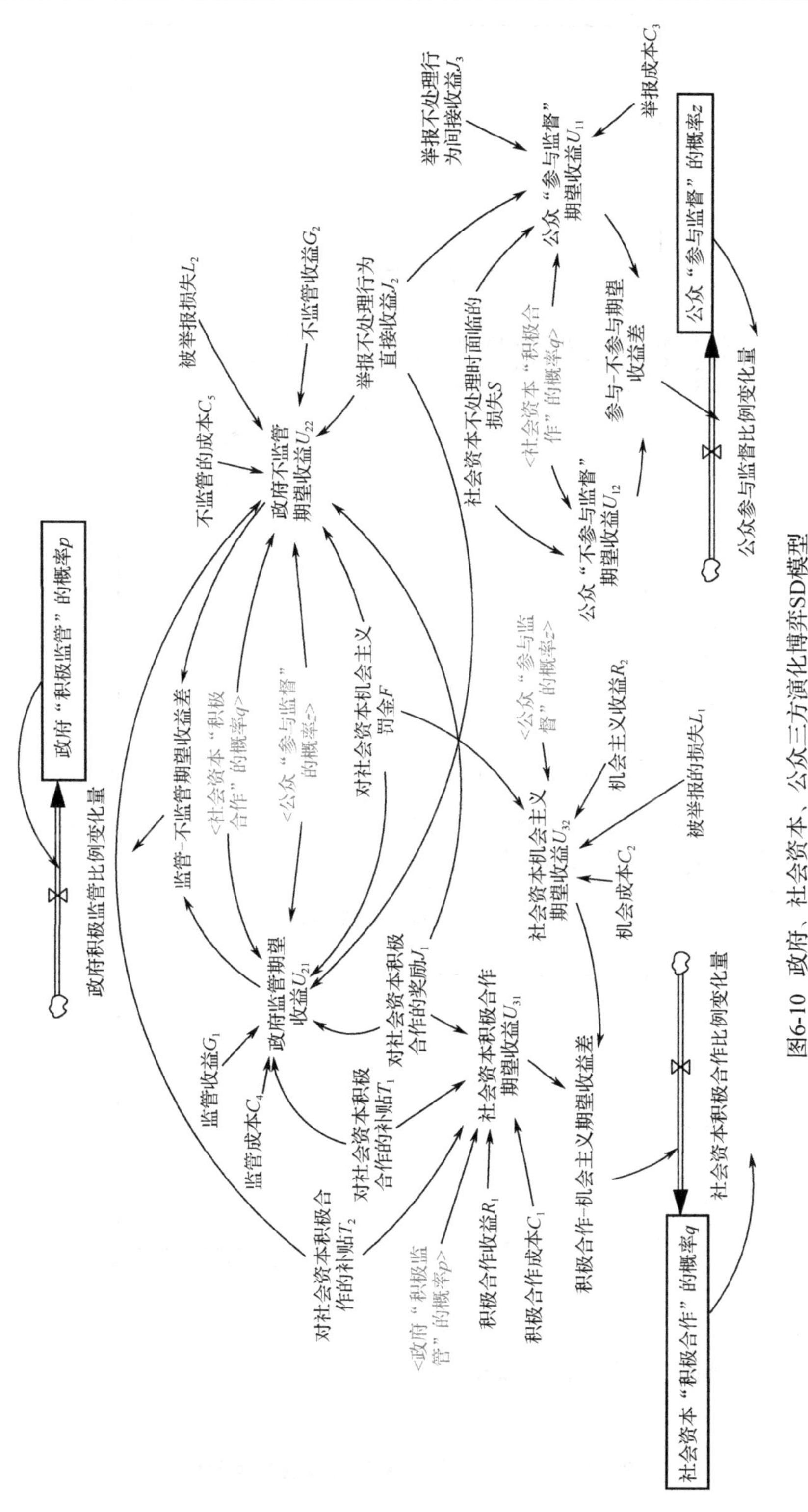

图6-10　政府、社会资本、公众三方演化博弈SD模型

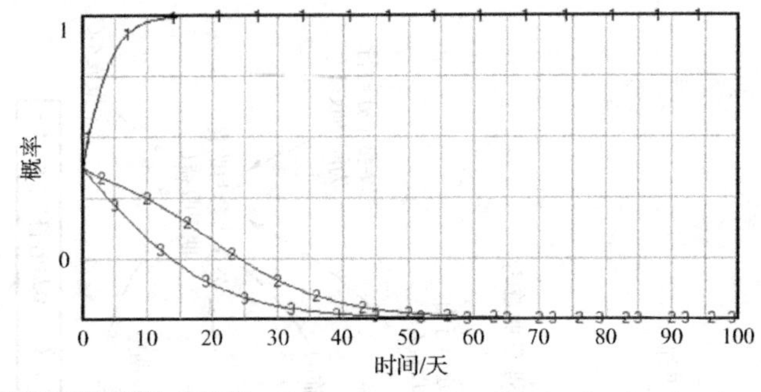

图 6-11　初始情形下三方演化路径图

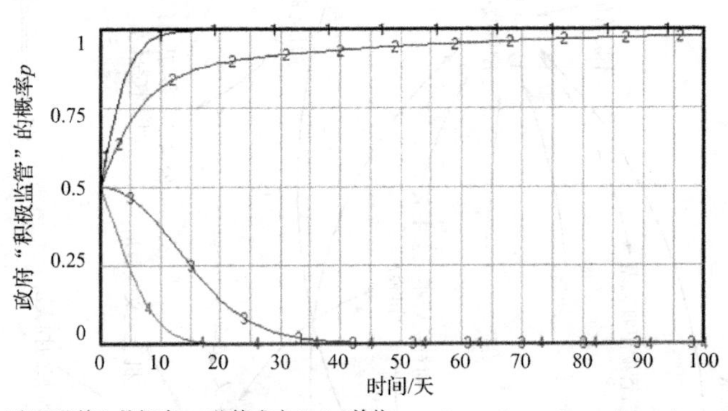

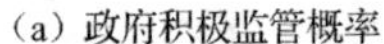

（a）政府积极监管概率

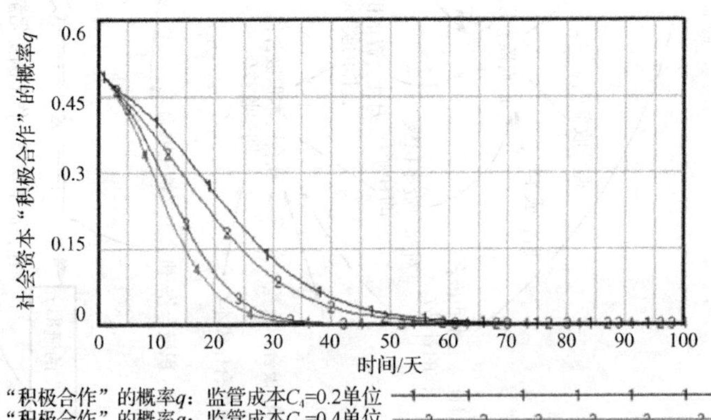

（b）社会资本积极合作概率

图 6-12　政府积极监管成本 C_4 变化仿真分析

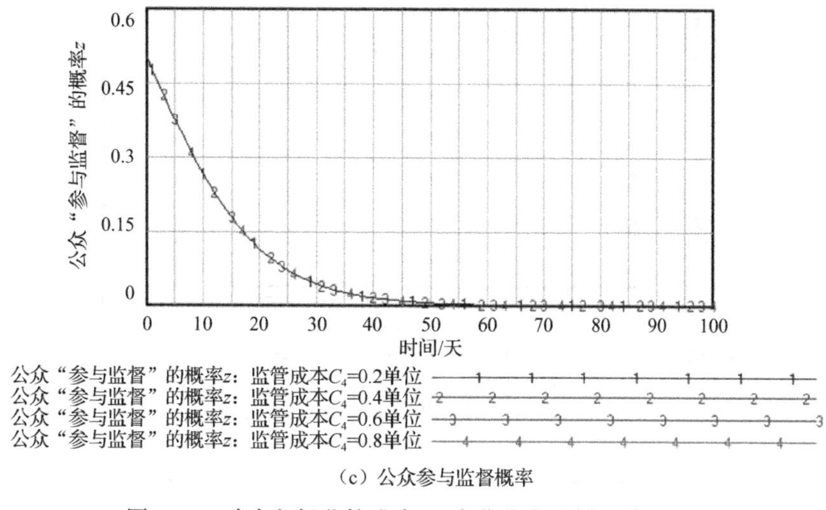

（c）公众参与监督概率

图 6-12　政府积极监管成本 C_4 变化仿真分析（续）

（2）政府积极监管对社会资本积极合作的补贴 T_1 仿真分析。如图 6-13 所示，当政府对社会资本积极合作的补贴 T_1 发生变化时，政府和社会资本策略选择均处于波动状态，这种状态分为三个阶段。第一阶段，补贴水平较低，政府最终趋于积极监管，社会资本趋于机会主义策略。这是由于初始情况设置导致双方策略选择趋于稳定。第二阶段，补贴水平适中（T_1=0.4），政府和社会资本策略选择整体趋势呈同向变动，但社会资本的变动速度略微滞后。原因在于政府对社会资本积极合作补贴增加，社会资本收入相应增加，社会资本的选择意愿在很大程度上受政府积极监管意愿的影响。在第三阶段，由于社会资本跟随政府补贴政策调整策略，因此其变动速度相对滞后。

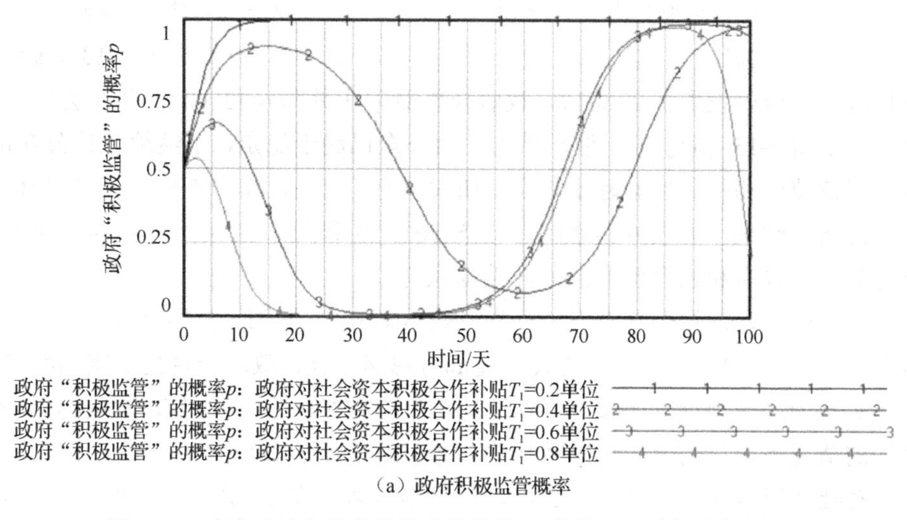

（a）政府积极监管概率

图 6-13　政府对社会资本积极合作补贴 T_1 变化三方演化路径图

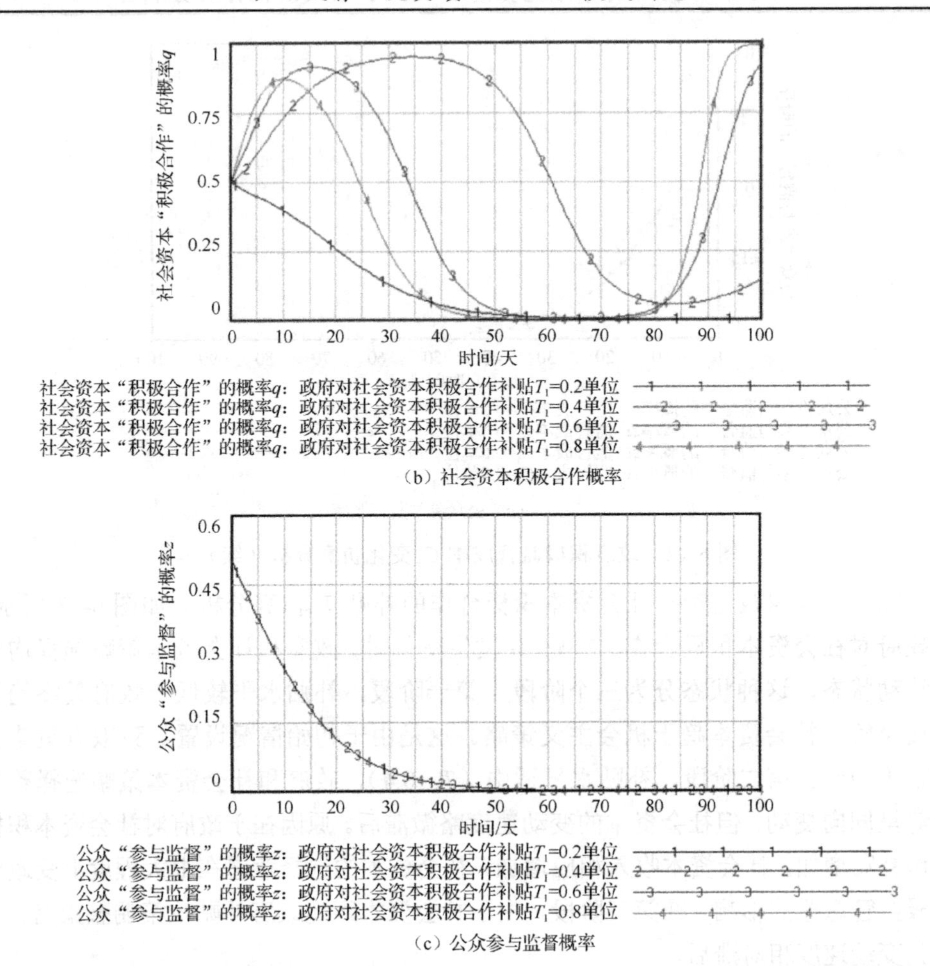

（b）社会资本积极合作概率

（c）公众参与监督概率

图 6-13　政府对社会资本积极合作补贴 T_1 变化三方演化路径图（续）

（3）政府对社会资本机会主义行为调整罚金 F 仿真分析。在图 6-13 基础上（此时仿真赋值原始设置值 F=0.1），政府合作概率［见图 6-13（a）］和社会资本合作概率［见图 6-13（b）］处于波动状态，而公众已趋于稳定，不继续讨论公众情况。为了促使政府和社会资本趋于稳定，加大政府罚金 F，取 F=0.5，进一步分析得到对应的仿真结果，如图 6-14 所示。比较图 6-13 和图 6-14 可知，提高惩罚力度可以有效抑制政府和社会资本的博弈波动状态。

对政府而言，补贴是支出，惩罚是收入。在 T_1 增加、F 维持 0.1 单位不变的情况下［见图 6-13（a）］，惩罚收入过低可忽略不计，政府一直处于支出状态。当 F 提高至 0.5 单位时［见图 6-14（a）］，政府相对而言有了财政收入保障，在 T_1 增加的情况下，只需要考虑财政压力，最终趋于消极监管稳定策略。

对社会资本而言，惩罚是支出，补贴是收入。在 T_1 增加、F 维持 0.1 单位不变的情况下［见图 6-13（b）］，F 过低，社会资本跟随政府情况也处于波动状态。

当 T_1 增加、F 提高至 0.5 单位时［见图 6-14（b）］，社会资本投机行为被举，报付出的代价和成本增加，积极合作获取的收益也增加，两相权衡下，社会资本不需要冒巨额风险采取投机行为，因此社会资本最终趋于积极合作的稳定状态。

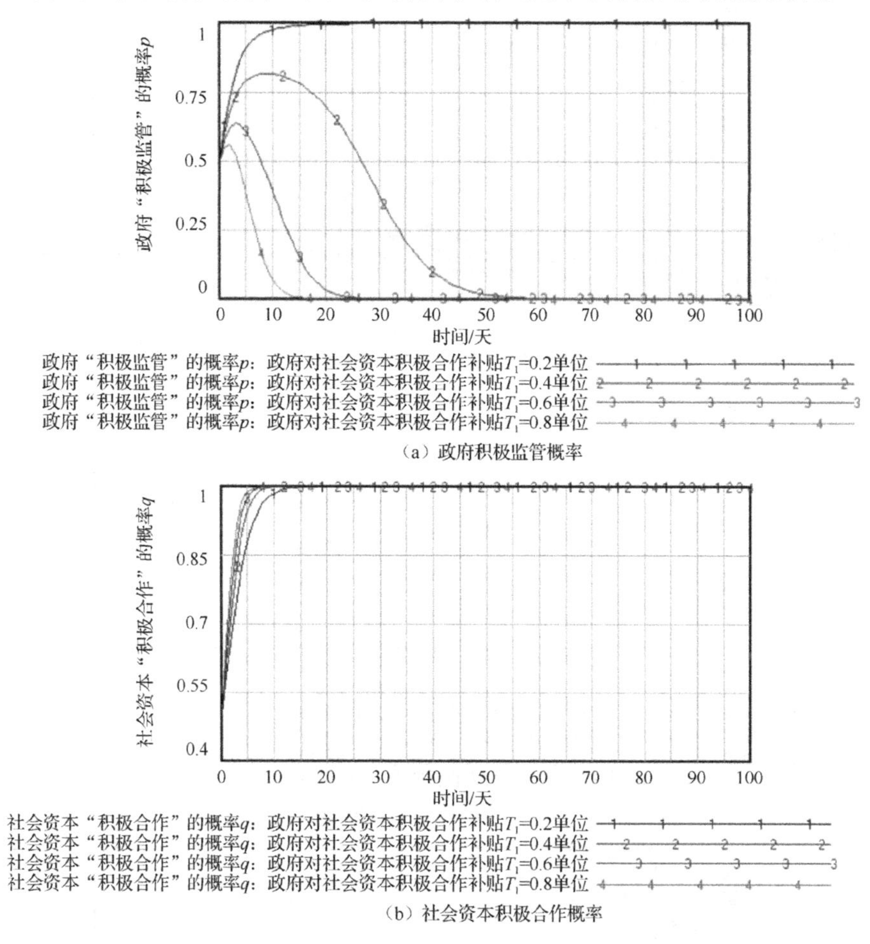

图 6-14　合作补贴 T_1 变化时调整罚金 F（F 由 0.1 提高至 0.5）双方演化路径图

（4）公众举报机会主义行为直接收益 J_2 仿真分析。如图 6-15 所示，当公众举报机会主义行为直接收益 J_2 增加时，政府收敛于积极监管速度加快，社会资本和公众由“机会主义”“不参与监督”转变为“积极合作”“参与监督”，且收敛速度随着直接收益的增加而提高。原因在于，提高公众举报机会主义行为直接收益 J_2，会调动公众监督的主动性和积极性，公众参与监督的意愿增加。在公众有效参与监督下，政府为建立政府公信力及满足大众环保需求，采取积极监管策略。在公众参与监督、政府积极监管的双重管制环境下，社会资本机会主义行为成本增加，同时该行为会损害自身品牌、社会声誉等，因此趋向积极合作策略。

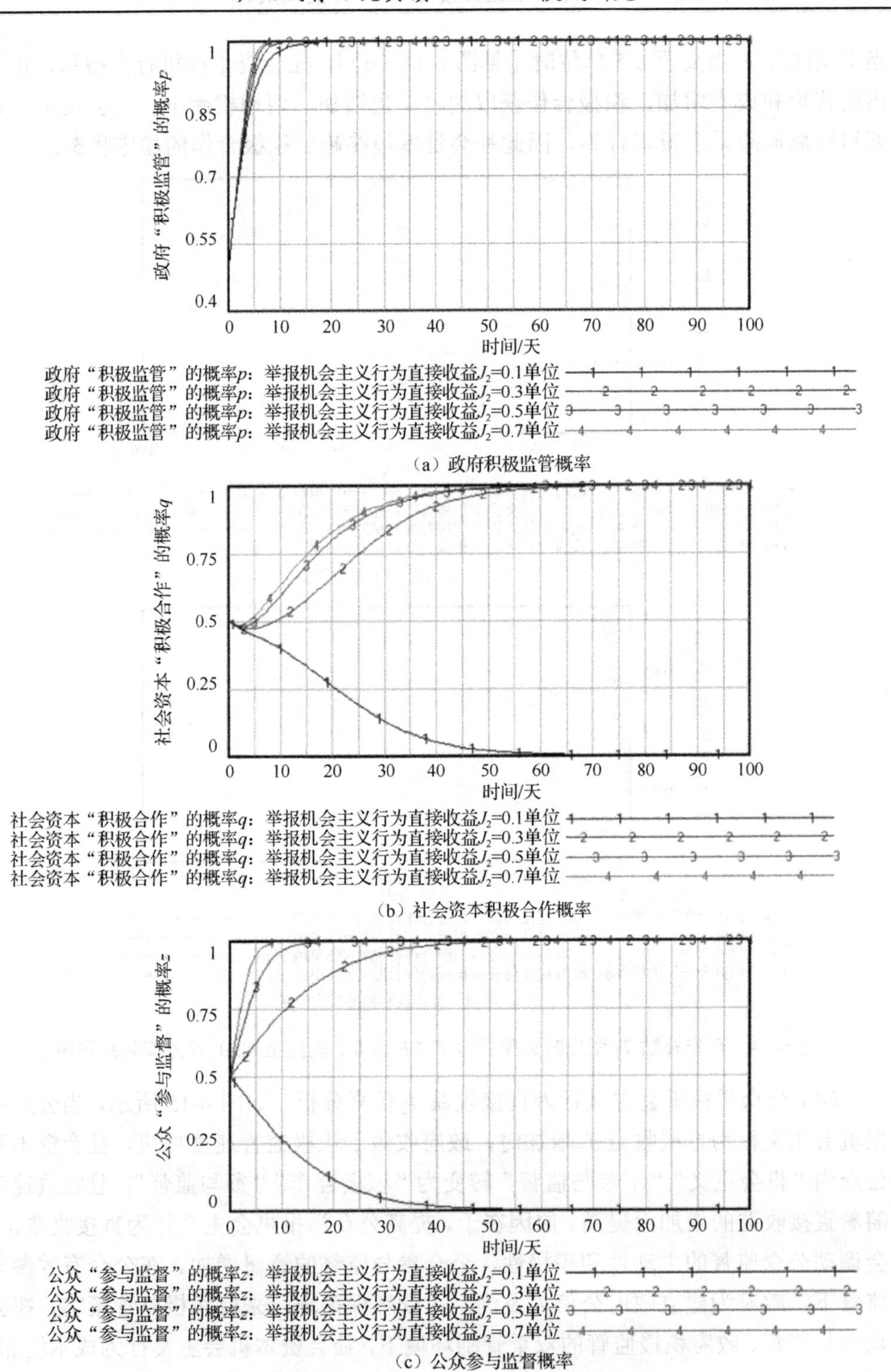

图 6-15　公众举报机会主义行为直接收益 J_2 变化三方演化路径图

（5）公众举报成本 C_3 仿真分析。随着公众举报成本 C_3 不断增加，如图 6-16 所示，公众行为策略逐渐由“参与监督”向“不参与监督”演变，C_3=0.6 是一个临界点。公众参与监督意愿减弱，政府收敛于积极监管速度变慢，社会资本行为策略由“积极合作”向“机会主义”转变。原因在于，公众举报成本增加，公众监督难度升级，会削弱公众参与的自觉性和积极性。当公众积极性削减，政府对社会资本监管有限时，社会资本会因利益驱使，利用监督松懈档口，选择机会主义行为。

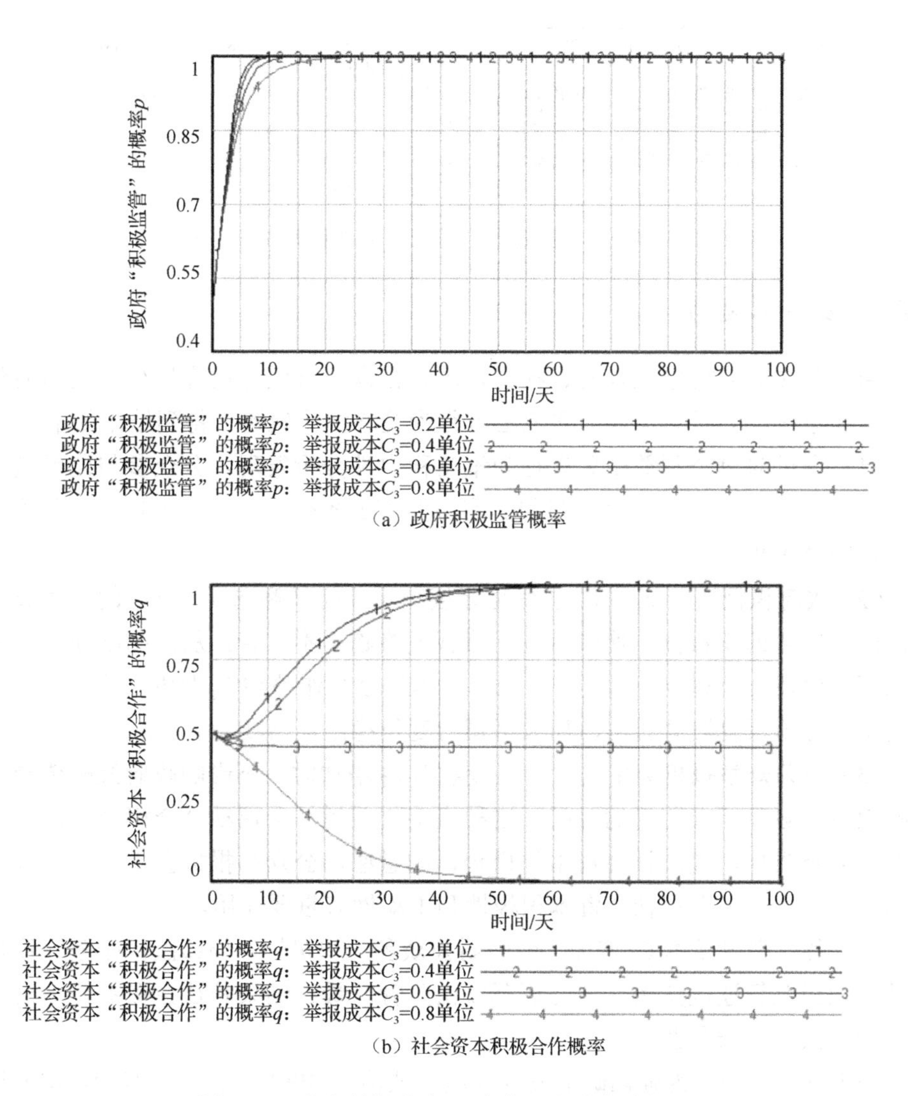

图 6-16　公众举报成本 C_3 变化三方演化路径图

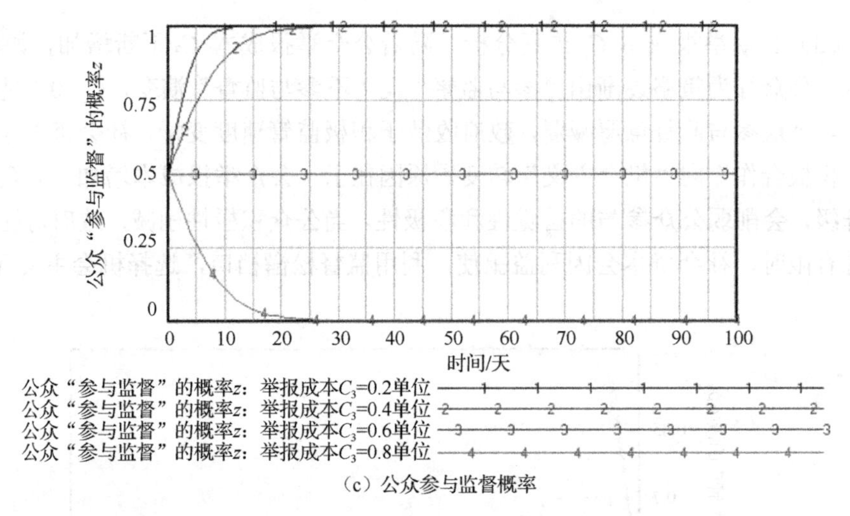

（c）公众参与监督概率

图 6-16　公众举报成本 C_3 变化三方演化路径图（续）

6.2.4　结论及建议

通过前文的分析建立政府、社会资本、公众三方演化博弈模型，运用演化博弈理论和系统动力学理论综合研究三方行为策略演化轨迹，得到结论如下。

（1）通过对单个利益相关者行为策略稳定性分析发现，公众参与监督是保证矿山或有环境负债治理 PPP 项目得到有效监管的条件，对政府选择积极监管、社会资本选择积极合作有一定的影响。

（2）政府积极监管成本 C_4 的变化直接影响政府策略选择。过高的监管成本会降低政府监管的积极性，使政府疲于监管最终趋于不监管，从而刺激社会资本投机意识，危害公众利益。当政府对社会资本积极合作补贴 T_1 发生变化时，政府和社会资本处于反复波动状态，加大惩罚力度是稳定策略波动的有效途径。

（3）当公众举报机会主义行为直接收益 J_2 增加时，不影响政府策略选择，只影响政府收敛于积极监管的时间。这种直接收益增加会调动公众积极性，也会因为外部监督强化，提高社会资本积极合作的意愿。公众举报机会主义行为直接收益的增加对提高公众和社会资本积极性和主动性有重要作用。

（4）公众举报成本 C_3 增加，会削弱公众参与积极性，外部监督松懈导致政府收敛于积极监管速度变慢，内部逐渐放松监管。最终结果是社会资本趋于机会主义行为，损害公众利益。

基于分析结论，为强化矿山或有环境负债治理 PPP 项目运营监管，研究得出如下管理启示。

（1）政府层面

第一，应建立健全以合同监管为基础的监督约束机制，进一步完善矿山环境治理和土地治理 PPP 法规，提升 PPP 项目标准化程度，从而降低政府监管成本，保持政府和社会资本之间平等的契约关系。

第二，对社会资本采取机会主义行为加大惩罚力度，建立责任倒查机制及终身责任制。在项目识别、评价等阶段加大信息公开力度，在项目运营过程中将公众参与程度纳入社会资本绩效考核评价体系，委托第三方专业机构进行评估并通过 PPP 平台、微信、微博等公众平台公开，减少社会资本投机和寻租概率。

第三，将公众、第三方专业机构等纳入 PPP 项目重大决策法定程序，发挥非正式组织的公共职能，以缓解因政府监管机制不完善、事前监督机制存在缺陷带来的问题，通过公众和第三方力量提高政府监管效率，减少监管成本。

（2）社会资本层面

社会资本的博弈行为取决于政府、公众监督约束，可以根据政府评价和公众满意度设置项目绩效考核标准。根据公众满意度高低情况，不同阶段的政府付费和可行性缺口补助可相应调整，政府可采取及时付费、增加补贴、责令整改、扣减或延缓付费等方式。另外，还可以建立社会资本方“公众参与保证金制度”，将公众参与程度作为保证金退还的标准，达到既规范社会资本行为，保障矿山或有环境负债治理 PPP 项目平稳运营，又促进公众有效参与的效果。

（3）公众层面

一方面减少公众参与的困难、成本。在完善信息、保障公众知情权的基础上，重点培养公众专业素养，如组织社区展开矿山或有环境负债治理等环保类宣传活动，普及 PPP 项目等相关知识，提升公众环保意识，降低公众的参与难度。借鉴日本经验，通过公益宣传、科普论坛，提升公众对 PPP 项目技术环节的了解，从而降低公众参与的知识获取成本。

另一方面完善公众参与的激励机制。在完善公众参与渠道的基础上，提升公众参与项目监督的深度，建设环境信息平台，拓展公众利用碎片时间参与 PPP 项目运营管理的渠道，通过相关考核指标评出优秀公众参与者，并进行公开表彰。尤其要对积极提出建议且建议被采纳的公众给予物质和精神双重激励，提升公众参与项目的实际获利，提升公众参与示范效果。

6.3　本章小结

本章主要采用演化博弈、系统仿真相结合的方法，对矿山或有环境负债治理 PPP 项目的核心利益相关者分别进行政府和社会资本两方相关者演化博弈分析，以及政府、社会资本和公众三方相关者演化博弈分析。

在进行政府和社会资本两方相关者演化博弈分析时，第一，对政府和社会资本的博弈行动和博弈支付参数进行设定，对政府、社会资本的博弈行为的动态演变及稳定性、合作机制演化稳定性分别进行分析。第二，采用 MATLAB R2016a 对政府与社会资本之间演化博弈的演化路径及最终的均衡状态进行数值模拟仿真分析，从利益相关者选择策略初始概率扰动演化角度、社会资本的机会主义成本（O_C）扰动强度的演化角度、社会资本机会主义额外收入（O_S）扰动强度的演化角度、政府对违规惩罚（T）扰动强度的演化角度、政府的监管成本（C_G）扰动强度的演化角度、政府从 PPP 项目中获得的额外收益（A_G）扰动强度的演化角度分别进行仿真分析。结果表明，利益相关者选择策略初始概率、社会资本机会成本、机会主义收益、政府惩罚力度、监管成本及政府在 PPP 项目中额外收益等随机干扰因素会影响政府和社会资本选择策略的演化过程。当机会主义收益干扰因素增强时，社会资本更倾向于选择冒险投机的机会主义策略；当监管成本干扰因素增强时，政府会因为监管支出高昂、监管效率低下而动力不足，进而选择不监管。

在进行政府、社会资本和公众三方相关者演化博弈分析时，第一，运用系统思维构建矿山或有环境负债治理 PPP 项目监管过程中公众、政府、社会资本三方演化博弈模型。第二，对政府、社会资本、公众三者之间的博弈行动和博弈支付参数进行设定，对政府、社会资本的博弈行为的动态演变及稳定性、合作机制演化稳定性分别进行分析，分析三者间的稳定均衡演化策略。第三，构建三方监管的系统动力学模型，运用计算机仿真模拟，在初始状态仿真、政府积极监管成本 C_4 仿真、政府积极监管对社会资本积极合作补贴 T_1 仿真、政府对社会资本机会主义行为罚金 F 仿真、公众举报机会主义行为直接收益 J_2 仿真、公众举报成本 C_3 仿真等几个不同情景下，讨论不同变量变动对相关者协同演化的影响。结论表明，公众参与监督是保证矿山或有环境负债治理 PPP 项目得到有效监管的条件；过高的监管成本会降低政府监管的积极性，使政府疲于监管最终趋于不监管，从而刺激社会资本产生投机意识，危害公众利益。公众举报机会主义行为直接收益的增加对提高公众和社会资本积极性和主动性有重要作用。公众举报成本 C_3 增加，会削弱公众参与积极性，外部监督松懈导致政府收敛于积极监管速度变慢，内部逐渐放松监管。

第 7 章　矿山废弃地拟应用 PPP 模式案例分析

7.1　案例项目背景

赣州素有“稀土王国”之称，持有的离子型稀土采矿许可证数量占全国南方离子型稀土采矿许可证总量的 84.6%；拥有稀土年配额生产量 9000 吨，占全国南方稀土年配额生产量的 60%。截至 2010 年年底，累计查明离子型稀土资源储量 92 万吨，其中离子型稀土矿 45.69 万吨，位居全国第一。根据调查统计，赣南现有历史遗留废弃稀土矿点 408 个，总面积 258.78km^2，其中已治理的有 47.21km^2，正在治理的有 8.75km^2，待治理的有 202.82km^2。2011 年 5 月，自国务院下发《国务院关于促进稀土行业持续健康发展的若干意见》（国发〔2011〕12 号）后，赣州市迅速采取有力举措，成立稀土整治工作领导小组，全面部署稀土行业整治工作，贯彻落实文件精神。

本章选取定南县作为主要研究地区。定南县作为赣州市主要稀土开采区，稀土矿山开采时间相对较长，大多开采于 20 世纪 90 年代，少数稀土矿山始采于 20 世纪 80 年代末。早期的矿山开采多采用池浸法，其开采工艺是将含有稀土的表层土剥离后运送到固定的池浸池中，加入电解质萃取，回收母液于沉淀池中分离稀土。中期采用堆浸法，就地建造堆浸场，加入酸性电解质溶液萃取，分离稀土。后期采用原地浸矿，包括原地打井、注液渗透和母液回收工序。矿山开采主要采用池浸法、堆浸法及原地浸矿等开采方式，因此，稀土矿山生产车间对地质环境的破坏主要表现在两方面。首先，大规模的搬山运动除破坏地形地貌外，还造成地表土壤有机层被剥离，土地肥力下降；其次，酸性电解质溶液造成土壤污染，土壤呈现酸性，耕种能力下降。自整治举措开展以来，开采秩序明显好转，环境治理取得较好成效。在治理工作取得成效的基础上，仍然不能放松管护治理意识，更要全面落实项目后期维护和管理责任。为有效消除矿山存在的地质灾害隐患，达到矿山边坡的安全稳定，并在此基础上逐步恢复和重建矿山生态环境系统，美化自然景观，使之与周边环境相协调，实现矿山废弃地的永续利用，现对定南县废弃稀土矿山后期管护治理项目进行设计。

7.2 案例项目周边情况介绍

7.2.1 周边经济社会环境

定南县隶属江西赣州市，下辖 7 个镇、10 个居委会、119 个行政村。乡镇分别为历市镇、岿美山镇、老城镇、天九镇、龙塘镇、岭北镇、鹅公镇。

截至 2016 年底，全县人口总数为 22.60 万，人口密度为 156 人/km^2。定南县土地总面积为 13.17 万公顷，全县农用地面积为 12.54 万公顷，占全县土地总面积的 95.16%；建设用地面积为 0.45 万公顷，占总面积的 3.48%；其他用地面积为 0.18 万公顷，占总面积的 1.36%。

定南县自然（社会）经济以农业、林业、种植业及饲养业为主，以采矿、工商贸易、小型工业等为辅。定南县采矿业在工业总产值中占有较重份额，开采的矿种有钨矿、石墨矿、稀土矿、萤石矿等，其中钨矿、稀土矿的开采量较大。

7.2.2 矿区地质环境条件

定南县境内河流分属定南水与桃江两水系，定南水流汇广东东江，其支流有九曲河、老城河、下历水等；桃江流汇贡水，其支流有濂江等。这些河流两岸峡谷深邃，河床落差大。定南水的支流九曲河上游、下游分别设有龙塘、桃溪 2 个水文站。龙塘站控制流域面积 6841306km^2，年平均流量为 22.52m^3/s，桃溪站控制流域面积 1306km^2，年平均流量为 40.13m^3/s。

7.3 案例项目介绍

本项目位于定南县岭北镇，共设置 6 个治理点，分别为木子山治理点（XM16）、长坑尾治理点、木子山（XM18）治理点、甲子背治理点、苟麻寨治理点和杨坑 1 号治理点。本项目治理点及其周边影响区总面积为 388604m^2（约 582.88 亩），治理面积为 208230m^2。6 个治理点此前均已经历过前期稀土矿山生态修复治理过程，但因治理过程中治理资金较少、治理意识不强、治理水平有限（治理标准较低、截排水及复绿工作仍存在进步空间、工程后期管护工作不到位等），目前各治理点呈现的治理效果不佳。具体表现为：各治理点内坡面及平台冲刷严重，多处出现深浅不一的冲沟，治理区内水土流失严重，下游沟谷尾砂淤积；土壤保水持肥能力不佳，植被成活率低，部分山体裸露，植被覆盖率低。根据定南的实际情况，将此次管护工程划分为三个子工程：地形整治工程、截排水工程和植被恢复工程。

7.3.1　地形整治工程

1．现状

因无序开采，治理区内原始地貌破坏严重，场地完整性差，采剥山体后缘残留陡坎，坡度为 35°～60°。坡面受地表水冲刷，冲沟发育，形成的沟谷深度不均，一般为 1～6m，并有进一步加剧的趋势。为达到矿山生态环境恢复的目的，需对植被破坏区域依据实际地形进行土地整治。依据区内挖填平衡的原则，减少部分填方边坡高度，统一平整，或依据依山就势的原则进行边坡分级放坡、坡面修整。在满足自然稳定坡角的前提下，尽可能减少和控制挖填方工程量，通过控制挖方量来减少对现有土地的二次扰动，同时降低工程施工成本。

2．整治方法

（1）按设计平台高度与坡率，自高向低依次施工，开挖回填土石采取就近平衡原则；

（2）高挖低填，以机械挖填为主，施以人工辅助；

（3）当开挖或回填至设计高程±0.5m 时，采用人工方式挖填，保证设计高程±30cm 以内的土质松软，便于种植；

（4）各级平台顶面应保持约 0.5%的内倾坡率，防止水土流失。

依据项目区周边同类工程的调查结果及《建筑边坡工程技术规范》，当硬塑的黏性土质边坡坡高 H<5m 时，坡率允许值为 1∶1.00～1∶1.25；当 5m≤H≤10m 时，坡率允许值为 1∶1.25～1∶1.50。在该项目区内堆积区平台之间的坡率设置为：当 H≤5m 时，坡率为 1∶1.25～1∶1.50；当 H>5m 时，坡率为 1∶1.2～1∶2。

7.3.2　截排水工程

1．现状

由于治理区内降雨量相对较大，同时因采矿剥离表土、毁坏植被，因此治理区泥流灾害频繁、水土流失严重。为了使暴雨季节区内洪水排泄顺畅，保护堆积区、平台的安全，应在治理区内修建排水沟，将治理区内积水排出区域。

2．整治方法

布置原则：依据地形整治后的治理区及周边地形地势，治理区统筹规划截、排水网络结构；在不同高程水平的多级平台边缘布置纵向联络排水沟，治理区内地表径流通过纵横交叉的截、排水网络最终排向治理区地势低洼处；当纵向排水沟布置区地势纵坡降大于1∶20时，设置陡坡或跌水。

平面布置：治理区共设置两种类型的排水沟；当排水沟迎水坡面坡率大于1∶1时，其中心轴线距坡脚线的水平距离应不小于2m；当排水沟轴线为曲线时，其拐弯处的曲率半径不应小于排水沟上口宽度的2～3倍。上下平台排水沟间设置跌水。

断面设计：根据排水沟平面布置及支、主沟关系，本项目治理区地表汇水流量分为两种类型。1型的最大汇水面积为50000m^2，设计流量为1.132m^3/s。2型的最大汇水面积为120000m^2，设计流量为1.92m^3/s。截面设计中采用的相关参数有排水沟水力坡降（取值为0.01）、渠道边坡的粗糙系数n（取值为0.013）、安全超高（取值为0.2 m）。治理区两种类型排水沟断面尺寸为，1型的开口宽0.6m，深0.6m；2型的开口宽3.1m，下口宽2m，深0.6m。

排水沟过水流量验算：根据区内的汇水面积，按50年一遇最大暴雨标准进行排水沟设计验算，其过水流量满足最大暴雨排泄要求。

地表汇水流量计算：地表汇水流量是进行排水沟水力设计必不可少的基本参数。因缺少必要的汇水流域资料，本设计中地表汇水流量按交通运输部公路科学研究院提出的经验公式计算。

当汇水面积F≥3km^{2}时，

$$Q_{\mathrm{P}} = \varphi S_{\mathrm{P}} F^{\frac{2}{3}} \tag{7-1}$$

当汇水面积F<3km^{2}时，

$$Q_{\mathrm{P}} = \varphi S_{\mathrm{P}} F \tag{7-2}$$

式中，Q_{P}为设计频率地表汇水流量；φ为径流系数；S_{P}为设计降雨强度。

此设计中，按照该流域中1型排水沟汇水面积最大为50000m^2、2型排水沟汇水面积最大为120000m^{2}进行计算。地表径流系数φ取0.6，最大降雨强度按50年一遇的每小时最大降雨量取94.3mm/h。

故，地表汇水流量由式（7-2）可求得

1型排水沟：$Q_{\mathrm{p1}} = 0.6×94.3×50000÷3600000=0.7855\mathrm{m^3/s}$

2型排水沟：$Q_{\mathrm{p2}} = 0.6×94.3×120000÷3600000=1.886\mathrm{m^3/s}$

排水沟水力设计：排水沟平均坡度大多在1%左右，满足排水工程防冲刷要求。排水沟流量可按明渠均匀流基本计算公式（谢才公式）计算：

$$Q = \omega C \sqrt{Ri} \tag{7-3}$$

式中，Q为流量，即排水沟的过水流量（单位为m^3/s）；ω为过水断面（单位为m^2）；R为水力半径（单位为m）；i为水力坡降（渠底坡）；C为谢才系数（流速系数，单位为m/s）。采用曼宁公式计算如下：

$$C=\frac{1}{n}R^{\frac{1}{6}} \tag{7-4}$$

式中，n 为粗糙系数（糙率），对浆砌块石渠道取 n=0.013；R 的含义同前。

本设计排水沟采用矩形断面，其过水断面（ω）和水力半径（R）计算式分别为

$$\omega=(b+mh)h \tag{7-5}$$

$$R=\frac{\omega}{x} \tag{7-6}$$

$$x=b+2h\sqrt{1+m^2} \tag{7-7}$$

式中，b 为渠底宽度（单位为 m）；h 为过水断面高度（单位为 m）；m 为边坡系数，$m=\mathrm{ctan}\,\beta$，β 为沟渠侧壁的倾角，当断面为矩形时 $m=0$；x 为湿周（单位为 m）。矩形过水断面的基本水力要素包括：底宽（b）、水深（h）和边坡系数（m）。采用生态袋水沟，粗糙系数为 0.013。

排水沟设计水力坡降皆为 0.2。可求得：Q_1=1.132m^3/s $>Q_{p1}=0.7855$m^3/s，满足工程需要。Q_2=1.92m^3/s $>Q_{p2}=1.886$m^3/s，满足工程需要。

结构设计：1 型、2 型排水沟统一采用生态袋堆筑而成，生态袋内装填黏土，沟底铺设防渗膜。开挖基槽后先用人工打夯机夯实基底，压实度不小于 90%。

7.3.3 植被恢复工程

治理区平台撒播草灌混合籽（芒草、宽叶雀稗、狗牙根、百喜草、高羊茅、黑麦草、木豆、山毛豆、胡枝子、黄花决明、紫穗槐等），撒播草灌混合籽后，铺设无纺布保水保湿，确保做到全面绿化。草灌混合籽撒播密度为 75kg/km^2。

对治理区边坡进行修整及土壤改良后，撒播草灌混合籽，铺设椰丝草毯保水、保湿、保温，防止雨水冲刷坡面。

7.4 矿山废弃地修复的成本核算

随着矿业高质量发展建设，以打造“绿色矿山”为目标导向的发展路径已逐步成为矿业人的发展共识。在当前阶段，不仅需要从制度等顶层设计方面寻求矿业发展的突破口，更需要配套相关实证研究，尤其是与矿区/矿山相关性较高的生态环境成本核算研究，此类研究对于科学推动矿业发展与环境保护有机结合具有重要作用。在现有文献中，对矿区/矿山生态环境成本的量化问题研究成果较少，当前研究主要集中在对矿产资源开发引起环境问题的分析，以及以矿山企业治理环境问题实际投入的资金为依据来核算环境代价等方面。以矿区生态环境成本为

研究对象，对其进行较为系统、完整的核算方面，研究成果比较少。Joseph Berechman，Po-Hsing Tseng（2012）[136]根据生态环境破坏影响对象的不同，将环境成本分为私人成本、社会成本，前者直接对企业利润表中的净利润（Bottom line）产生影响，后者则减少了整个社会的公共福利。Christine Jasch（2006）[137]认为环境破坏、环境保护成本构成环境成本，包括内部环境成本和外部环境成本。环境管理会计视角下的环境成本包括企业生产废水、废气、废渣等污染物的处理成本，相关的人力、维护物料费用，以及保险和环境负债条款规定的各项相关支出；预防和环境管理成本，包括人力成本、技术环境份额、经营设备环境因素占比；废弃物料购买支出；非产品性产出的制造成本等，但不包含环境外部成本。Manfred M. Fichter（1997）[138]认为环境成本是能源或材料使用直接、间接成本总和，以及由此产生的环境影响。Pavlos S. Georgilakis（2011）[139]认为环境成本是指企业由于预防或更正自身环境影响（Prevention or correction of the environmental impact）而产生的成本。经济层面的环境成本是指在经济活动过程中使用环境产品与环境服务的价值；环境层面的环境成本是指矿业活动与环境资源实际或潜在恶化有关的成本。环境成本受行业、地域特点等综合因素影响，其计量模型应用也不尽相同，本节将介绍部分与矿山废弃地相关的生态环境核算理论与方法。

7.4.1 生态环境核算理论

1. SEEA 核算体系

生态系统服务在战略环境评估[136]、环境和社会影响评估[137]、政策影响评估[138]中的作用已得到学术界的承认。除了环境影响，决策者还需要了解生态系统服务流量变化的经济影响，以及它们如何影响不同的利益相关者，如经济部门和家庭。对服务进行系统的核算并纳入收益，使决策者能够衡量利益相关者对生态系统服务的依赖程度，还可定期评估服务的状况[139]。遵循这条道路需要清楚地了解生态系统服务如何与官方会计系统匹配和集成。在以国民账户体系为基础的传统国民经济核算中，既没有考虑环境破坏，也没有考虑生态系统资产和服务。20世纪90年代初，联合国统计局构建了一个环境和经济综合核算系统（SEEA核算体系）[140]，用一系列卫星账户填补国民账户体系核心账户中的信息空白，以一致的方式记录环境数据。虽然1993年《综合环境与经济核算体系》[141]在推出初期侧重于调整现有的宏观指标，但在之后的《环境经济综合核算体系2003》框架中包含了部分环境核算单元[142]。最近的《环境经济核算体系 2012——中心框架》（SEEA-CF）正在作为国际统计标准实施[143]。除了SEEA-CF，其他相关实践也在推进，如实验生态系统账户（SEEA-EEA）[144，145]、SEEA 扩展和政策应用等。

SEEA-EEA 尤其受到越来越多的关注，并与许多倡议相关。

自提出以来，SEEA 核算体系的既定目的是“完成”国民经济核算体系的核心账户，增加一系列卫星账户，这些账户应按照基本原则和规则报告自然投入和残差的缺失信息，以便提供与国民账户体系结构完全一致的可比综合结果。当卫星账户详细说明已在国民账户体系中的会计项目（如环境保护支出、环境税和经济中更一般的环境交易）时，可以是内部账户；当卫星账户添加不在国民账户体系中的账户（如非生产账户）时，可以是外部账户。国外学者 Obst[146]，Banerjee[147]，以及 Ochuodho 和 Alavalapati[148]是从事该领域研究的核心学者。Obst 为构建可计算的一般均衡模型（CGE 模型），使用 SEEA 实验性生态系统账户将生态系统服务与投入产出表（IOT）相结合，即作者开发了一种集成术语，如“包含生态系统服务的输入输出表”，在国民经济核算体系的生产范围内，根据 SEEA 的方法扩展了相应内容。Obst 指出，当前研究缺乏全面的信息和数据系统服务，缺乏将生态系统服务与物联网相集成的统一框架。实际上，三个相互关联的概念是构建生态服务系统的基础，必须在有适配的统一框架内进行相关研究。Banerjee 等人使用 CGE 对将自然资本纳入国民账户体系进行建模，即“综合经济环境模型”（IEEM）。研究结果为经济与环境的关系提供了双向分析。IEEM 可以以货币和实物为单位呈现使用环境对经济的投入，它还允许核算中包含环境的排放量。IEEM 提供了一个基于扩展社会核算矩阵（SAM）表的资源存量变化核算平台。在 CGE 模型中，环境资源被视为非生产性资产。环境资源提供的服务被视为租金支付或经济资源流动。例如，立木被视为生产要素，用于所考虑的经济活动。作者总结说，从 SEEA 到 CGE 的建模框架能够扩展分析能力，不仅允许模拟经济方面，还考虑了环境存量的变化。Ochuodho 和 Alavalapati（2016）整合了一个常备股并根据 SEEA 调整物联网国民账户木材的中央框架。作者把树桩价格提高了 10%，使用他们自己的 CGE 模型（静态，1 个区域，23 个部门，3 个生产因素——劳动力、资本和树桩），后来他们使用集成了现存的木材资源。结果分析能够说明基本宏观经济变量之间的差异。在一个变体中，在不考虑立木资源的情况下，冲击的影响比包括资源时更高（积极）。它表明了一种强烈的观念，即没有适当考虑环境方面的经济分析是有偏见的，且高估了研究结果。将用于校准的模型应用到不同的数据库时，偏差的大小可能不同。这项研究的一个主要动机是测试这些差异是否存在，以及当不同的数据应用于同一个 CGE 模型时验证数据大小差异。

2. 综合环境与经济核算（绿色 GDP 核算）

长期以来，国内生产总值核算一直因未能衡量实际经济福利而受到批评，因为它既没有考虑环境退化、自然资源消耗和收入不平等的成本[149]，也没有考虑未在市场上交易的商品和服务的价值[150]。自20世纪60年代以来，全球环境污染和生态退化已成为社会和经济可持续发展的制约因素[151]。事实上，人们越来越关注生态系统的核算[152]，旨在建立绿色核算体系，探索环境与经济之间的相互联系[153]。在全球范围内，许多研究都致力于绿色GDP核算，如我国的区域绿色GDP（通过从GDP中扣除不利环境外部性的成本）、武夷山的绿色GDP（通过将直接生态系统服务价值纳入GDP）[154]、马来西亚的绿色GDP（根据自然资源枯竭和环境破坏进行调整）[155]、泰国的绿色GDP（通过降低GDP产生的温室气体排放成本）[156]和智利的绿色GDP（根据资源贬值和环境破坏进行修正）[157]。此外，全球经济的快速增长伴随着产业结构的巨大变化[158]，这对污染物排放产生了强烈影响[159]。不同部门的绿色产值评估也受到广泛关注，因为评估每个部门的环境成本是有效减排决策的前提[160]。1978年改革开放以来，我国取得了显著的经济增长。1978—2017年，我国实际国内生产总值由3645亿元人民币增长到827122亿元人民币，年均增长9.5%[161]。然而，这种经济扩张在环境问题上付出了高昂的代价[162]，而由大量温室气体排放引发的气候变化是目前最紧迫的问题。据世界银行2019年二氧化碳排放数据统计，1978年，我国的二氧化碳排放量仅占全球的8.31%，远低于美国（30.76%）和欧盟（25.11%）。此后，迅速的工业化和经济增长极大地改变了这种局面。2014年，我国的二氧化碳排放量约为10.29 Gt，占全球二氧化碳排放量的28.48%，几乎是美国（14.54%）的2倍，是欧盟（8.97%）的3倍[163]。为有效解决气候变化问题，我国宣布到2020年将减排目标定为比2005年的水平低40.00%～45.00%[164]，并在2030年之前达到二氧化碳排放的峰值[165]。上述事实和目标凸显了重新界定中国发展及核算温室气体排放的环境成本的必要性。尽管人们对绿色会计的概念和实践一直争论不休，但我国于2004年启动了一项官方实验，并于2006年发布了第一份环境成本报告[166]。然而，这种尝试在一年后便过早结束，原因是环境官僚机构数量不足且较为分散，低估了数据收集的难易程度，缺乏一致的环境评估规则[167]。此后，针对中国的绿色GDP核算还没有正式的项目出现。与短期的官方项目相反，中国有大量关于绿色GDP核算的文献。一些研究是对中国绿色会计实践和发展的理论探讨，如中国绿色GDP核算方案取消的原因[168]、中国绿色GDP项目的政治[169]、中国绿色GDP核算面临的挑战[170]，以及该项目可能的复兴[171]；然而，更多的关注点放在了绿色GDP核算上。其中，省级和市级的绿色总产值，包括31个地区[172]、福建省[173]、天津市[174]、商洛市[175]、榆林市[176]和包括林业在内的特定经济部门的绿色总产值[177]、农业[178]和煤炭工业[179]构成关注焦点。

7.4.2 环境成本核算方法

目前，国际上环境成本核算的方法主要有三种。

（1）自然资源核算法，注重实物量的核算。自然资源核算是实物量核算，它使用实物量账户，注重材料、能源和自然资源的实物资产平衡，即期初、期末存量和流量的变化，类似于部分国家的自然资源平衡统计。在适当的情况下，它还包括用环境指数表示的环境质量变化。

（2）货币量附属核算法，该方法可使环境资源与国民经济核算相联系。货币量附属核算是价值量核算，与国民经济账户联系密切。通过它能够得出用于环境保护的实际支出，以及各经济部门在计算净产值时需要处理的环境费用。货币量附属核算包括广义和狭义两种类型，狭义的核算仅在国民经济账户中分别列出用于环境保护的各项支出的内容和数额，而广义的核算是指在国民经济核算中对国内生产总值就所选择的环境费用进行调整，这些费用通常包括石油耗减、森林砍伐、鱼类资源耗减和水土资源流失等费用。尽管这些研究是建立在详细的实物分析基础上的，但最终的焦点还是集中在国内生产总值的调整上。

（3）福利核算法，主要研究部分生产者的活动对其他生产者或个人造成的环境影响。福利核算法是指对生产活动中发生的环境费用不予考虑，而从社会福利角度集中注意生产如何影响环境的一种方法。这种方法考虑了自然界向生产者免费提供的环境服务和自然界受到的损害。免费提供的环境服务和自然界受到的损害分别隐含着社会福利的减少，在此基础上调整国民净收入。

环境成本核算方法主要包括两部分。

（1）实物量核算，该核算方法又可以分为环境污染实物量核算和生态破坏实物量核算。环境污染实物量核算主要是根据废水等污染物的产生及排放量来计算的；而生态破坏实物量核算是根据遥感等实时数据监测得到的。

（2）价值量核算（环境污染成本核算），该部分主要由治理污染成本和外部环境成本构成，这里主要讨论外部环境成本的计算。外部环境成本的计算可以从成本和损失两个不同的角度来衡量。

从成本的角度，可以采用虚拟治理成本法计算：

$$C=\sum_{i=1}^{n}\overline{C_i}Q_i \tag{7-8}$$

式中，C 为虚拟治理成本；$\overline{C_i}$ 为第 i 种污染物的单位治理成本；Q_i 为第 i 种污染物的排放量；i 为污染物种类。

采用治理成本系数法，某一污染场所的第 i 类污染物的处理效益为

$$\mu_i = \frac{I_i - E_i}{S_i} \tag{7-9}$$

式中，μ_i为处理第i种污染物能够获得的效益；$I_i - E_i$为第i种污染物进出口质量浓度差（单位为mg/L）；S_i为污染物的排放浓度（单位为mg/L）。

相应地，处理第i种污染物的费用为

$$C_i = C\frac{\mu_i}{\sum_{n=1}^{N}\mu_i} = C\gamma(i) \tag{7-10}$$

式中，C_i为第i种污染物的处理费用；C为废水/废气处理费用；μ_i为处理第i种污染物能够获得的效益；$\gamma(i)$为第i种污染物治理成本系数。

从损失的角度衡量环境污染价值的方法有以下几种。

（1）直接市场评价法。该方法是将环境，尤其是环境的质量看成是市场中的一种生产要素，变动该生产要素，从而观察市场对该生产要素变动做出的相应反应，以市场的反映作为评价依据。

（2）替代市场评价法。当某一产品并未产生市场价格时，可以利用该产品的替代品的市场价格来对该产品进行估价。但是除了环境因素外，需要对影响产品价格的其他因素做相应的约束。

（3）数学模型法

数学模型是用符号、函数关系将评价目标和内容系统地规定下来，并把互相间的变化关系通过数学公式表达出来。数学模型所表达的内容可以是定量的，也可以是定性的，但必须以定量的方式体现出来。因此，数学模型法的操作方式偏向于定量形式。

矿山相应环境成本指的是矿业企业（尤其是矿山经营企业）在生产活动过程中，针对主要污染排放物量化后的治理成本。矿山废水是矿山环境的主要污染源之一。以矿山废水为例，据统计，因采矿等生产活动，我国矿山每年排放的废水量可达12亿～15亿吨，占有色金属工业废水排放总量的30%左右。水资源环境成本是矿山环境成本中的重要部分。同样，也可以从三个不同视角划分水环境成本，分别是水环境污染造成的损失、预估水环境污染可能造成的损失、水环境污染破坏治理和补偿，采用的计量方法也不尽相同，具体分类如表7-1所示。

表7-1　水环境成本计量方法

计量方法		计算说明	文献支撑
直接市场评价法	市场价值法	水资源环境成本=受污染水资源的市场价格×受污染量	郑易生基于市场价值法和人力资本法，计算出中国水环境污染造成的货币价值损失占全部损失的比重为76.20%

续表

计量方法		计算说明	文献支撑
直接市场评价法	机会成本法	水资源环境成本=单位机会成本×受污染量	
	防护费用法	—	邢智慧、王佳男基于防护费用法和恢复费用法对水污染经济损失进行计量
	恢复费用法	水资源环境成本=当量废水单位成本×受污染量×受污染水资源中污染物浓度/污染物的单位当量值	王艳基于恢复费用法对水污染经济损失进行计量
	影子工程法	水资源环境成本=水资源环境污染替代工程中各子项目建设费用的函数关系	
	人力资本法	水资源环境成本=水资源环境恶化引起疾病增加率×受污染人数×因资源恶化造成的各项损失	Chang Yongguan 运用人力资本法计算重庆水污染环境成本约为生产总值的 1.2%
替代市场评价法	资产价值法	—	沈菊琴在资产价值法的基础上，建立了水资源资产价值替代评估模型
	后果阻止法	—	
	旅行费用法	—	McConnell 采用旅行费用法对新贝德福德海湾地区水环境成本进行估算
	工资差额法	—	
数学模型法	投入产出模型	IO 模型、IOE 模型、CGE 模型	Jasch 运用投入产出模型估算出 2004 年奥地利某啤酒厂废水环境成本为 333900.00 欧元
	模糊数学模型	—	
	浓度-价值损失率法	水资源环境成本=单位水资源价值与污染损失系数×受污染量×区域内主要污染物排放量与允许排放量差值	刘晨运用浓度-价值损失率法计算 1993 年珠江流域水污染造成的经济损失为 29.37 亿元
	索洛方程法	水资源环境成本=可持续模式下末期劳动投入总量×环保投入对经济增长贡献率×传统模式下末期与基期生产率差值	

7.4.3　案例：矿山废弃地修复成本核算

数据来源及参数确定：基于合作单位的调研数据，本课题中案例项目定南县废弃稀土矿山治理面积等数据主要来自《定南县废弃稀土矿山后期管护治理项目方案设计》，各治理点治理面积来源于其中的“治理区主要地质环境问题”部分，各参数确定如下。

1. 面积数据

各治理点治理面积数据具体信息如表 7-2 所示。

表 7-2　各治理点面积情况统计表

序　　号	治理点名称	治理点及影响区域面积（m^2）	治理区面积（m^2）
S_1	木子山治理点（XM16）	30680	26383.4
S_2	长坑尾治理点	47100	37541.5
S_3	木子山（XM18）治理点	81330	15881.7
S_4	甲子背治理点	14540	5067
S_5	荷麻寨治理点	148040	30267.8
S_6	杨坑 1 号治理点	66914	93088.6
合计		388604（582.88 亩）	208230（312.33 亩）

2. 单价数据

参照《江西省水利水电工程设计概（估）算编制规定（试行）》（江西省水利厅 2006 年）、《〈公路工程建设项目估算、概算、预算编制办法〉江西省补充规定》、《关于发布 2017 年度下半年江西省水利水电工程主要材料基价的通知》，主材价按江西省交通工程造价管理站公布的《关于发布〈二〇一九年九、十月份公路、水运工程主要外购材料平均供应价格信息〉的通知》及《江西省造价信息》计算，监测工程单价取费参照《国家计委、建设部关于发布〈工程勘察设计收费管理规定〉的通知》（计价格[2002]10 号），可以得到

$$A_c=A_{c1}+A_{c2}+A_{c3}$$

其中，

$$A_{c1}=a_1+a_2$$

$$A_{c2}=b_1+b_2+b_3+b_4+b_5+b_6+b_7$$

$$A_{c3}=4c_1$$

矿山废弃地修复成本模型公式中符号及其具体含义如表 7-3 所示。

表 7-3　矿山废弃地修复成本模型变量

符　　号	符号代表含义
S_i	第 i 个治理点的治理面积
A_c	单位面积治理成本
A_{c1}	单位面积内土地整理费
A_{c2}	单位面积内植被恢复费
A_{c3}	单位面积内辅助费用

续表

符　号	符号代表含义
a_1	单位治理面积的工程设施费
a_2	单位治理面积的造林地整理费
b_1	单位治理面积的植被恢复调查设计费
b_2	单位治理面积的种苗费
b_3	单位治理面积的辅助材料费
b_4	单位治理面积的栽植费
b_5	单位治理面积的幼林抚育费
b_6	单位治理面积的年管护成本
b_7	单位治理面积的其他费用
c_1	造林密度

结合公式及案例部分具体数值，要计算该案例项目中矿山废弃地修复的成本，可以分别计算 6 个治理点的治理成本。

治理模式下单位面积治理成本平均值为：A_c=155497.09 元/km^2

木子山治理点（XM16）：$A_c \times S_1$=155497.09×2.63834=410254.192 元

长坑尾治理点：$A_c \times S_2$=155497.09×3.75415=583759.4 元

木子山（XM18）治理点：$A_c \times S_3$=155497.09×1.58817=246955.813 元

甲子背治理点：$A_c \times S_4$=155497.09×0.5067=78790.3755 元

荷麻寨治理点：$A_c \times S_5$=155497.09×3.02678=470655.482 元

杨坑 1 号治理点：$A_c \times S_6$=155497.09×9.30886=1447500.64 元

综上，本次定南县废弃稀土矿山管护治理项目总治理成本为 3237915.9025 元。

前期项目立项、规划、施工设计、预算编制、文件申报、工程监理费、PPP 咨询费，根据实际发生额计入项目总投资。

7.5　项目修复效益

7.5.1　经济效益

采用地下径流增长法对矿山废弃地修复后可产生的涵养水源效益进行评价

$$Q = \sum (S_i JRC_i) \tag{7-11}$$

式中，Q 为植被生态系统与裸地相比涵养水分的增加量（单位为 m^3）；S_i 为第 i 种类型林草地的面积（单位为 km^2）；J 为评价区的年均降雨量（单位为 mm）；R

为不同区域的侵蚀性降雨比例；C_i 为林草生态系统与裸地相比减少径流的效益系数。

采用影子工程法对森林植被涵养水源的效益进行价值评价，计算涵养水源经济价值

$$V = QP \tag{7-12}$$

式中，V 为年涵养水源的经济价值（单位为元）；Q 为涵养水源的总量（单位为 m^3）；P 为单位蓄水费用（0.47 元/m^3）。

采用有、无植被的土壤侵蚀差异量来计算减少土壤侵蚀量

$$W = \sum S_i T_i \tag{7-13}$$

式中，W 为植被减少土壤侵蚀量（单位为 t）；S_i 为第 i 种类型植被的面积（单位为 km^2）；T_i 为第 i 种类型植被的单位土壤保持量。

根据我国 1m^3 库容的水库工程费用计算减少泥沙淤积的经济价值，从而估算水土保持的经济价值

$$E = WP_{水} \tag{7-14}$$

式中，E 为植被保持水土的经济价值（单位为元）；W 为植被水土保持的总量（单位为 t）；$P_{水}$为单位蓄水费用（0.54 元/m^3）。

以生态修复后植被对阻滞空气粉尘污染物的生态效益来计算净化环境效益

$$Y = \sum S_i C_i \tag{7-15}$$

式中，Y 为植被阻滞粉尘的量（单位为 t）；S_i 为第 i 类植被类型的面积（单位为 km^2）；C_i 为第 i 类植被阻滞粉尘的能力。

采用影子工程法对植被净化环境的效益做价值评价，用削减粉尘的平均单位治理费用来评估净化粉尘的价值，计算出净化环境的经济价值

$$M = mY \tag{7-16}$$

式中，M 为净化粉尘的经济价值（单位为元）；m 为单位除尘运行成本（170 元/t）；Y 为植被阻滞粉尘的量（单位为 t）。

采用影子工程法计算改善水质效益

$$N = QP \tag{7-17}$$

式中，N 为改善水质的价值（单位为元）；Q 为涵养水源的总量（单位为 m^3）；P 为净化水质的价格。

根据上述计算方法和定南县废弃稀土矿山管护治理项目治理面积的数据，预估可以得到矿山废弃地的单位面积经济价值为 15.38 万元/km^2。

7.5.2 社会效益

条件价值评估法是一种典型的陈述偏好的价值评估方法，通过发放调查问卷

的方式确定被调查者偏好，构建假想市场询问公众的支付意愿（WTP）或补偿意愿（WTA），进而确定非市场物品的价值，适用于缺乏实际市场或替代市场的价值评估。在定南县废弃稀土矿山后期管护治理项目中，相比于受偿意愿，支付意愿的结果更加具有科学性，因此选择采用最大支付意愿作为社会价值测评的依据，也就是采用条件价值评估法（CVM）进行估算。

调查结果显示，农村居民对废弃地复垦为耕地的社会价值的支付意愿为 133.80 元/(年·人)，城镇居民对废弃地复垦为耕地的社会价值的支付意愿为 210.86 元/(年·人)，根据支付意愿，耕地社会价值为

$$P = \frac{P_r Q_r R_r + P_c Q_c R_c}{S} \tag{7-18}$$

式中，P 为年平均支付意愿，单位为万元/(km^2)；P_r 为农村居民平均支付意愿，单位为元；P_c 为城镇居民平均支付意愿，单位为元；S 为全市耕地面积，单位为 km^2；Q_r 为农村居民数量，单位为万人；Q_c 为城镇居民数量，单位为万人；R_r 为农村居民支付意愿率；R_c 为城镇居民支付意愿率。

$$V = \frac{P}{r} \tag{7-19}$$

式中，V 为耕地社会价值，单位为万元/km^2；r 为耕地还原利率，一般为 3%～5%。

调查结果显示，在本案例中，农村居民对矿山废弃地社会价值的支付意愿为 168.75 元/人，城镇居民对矿山废弃地社会价值的支付意愿为 136.82 元/人。本案例中矿山废弃地面积为 312.33km^2，按上述公式计算后，可以得到矿山废弃地的单位面积社会价值为 9.5438 万元/km^2。

7.5.3　代际效益

矿产资源属于不可再生资源，资源的过度开采会伴随资源耗竭、生态环境损害与社会资源挤占等。其中，资源耗竭对于后代人来说，会减少其能够支配的矿产资源的数量和使用矿山资源的机会；生态环境损害会影响资源产地原生居民的生活条件甚至生命健康；社会资源挤占对资源产地的经济、文化等其他方面的发展有一定影响。因此，后代人、资源产地及当地原生居民这三类主体也应当是矿产资源开发过程中收益分配的主体。

在经济效益、社会效益分析的过程中，有时会将资源产地及当地原生居民纳入考虑范畴。后代人同时也是矿产资源的所有者，但因为尚未出生，无法直接参与当前矿产资源开发收益分配过程。因此，需要分析矿产资源开发过程中的代际效益。公共利益代表者政府机构，同时代表后代参与矿产资源收益分配过程，以实现真实财富的积累与可持续发展，保障后代人对于矿产资源开发的适当权益。

但从我国现行的矿产资源开发税费角度来看，并无特定名目表征当资源消耗过度时，后代人应得到的相应补偿；从相关税费的支出与用途来看，反映矿产资源所有者收益的矿业权出让收益、矿业权占用费、资源税和石油特别收益金均纳入公共财政预算。其中，矿业权出让收益与矿业权占用费主要用于地质调查和矿山生态保护修复，资源税与石油特别收益金纳入公共财政后的具体支出与使用并不明确，未体现矿产资源财富向真实财富的转化力度，后代人无法分享矿产资源所有者收益。由于税费与补偿机制并不完善，代际之间共享的矿产资源开发参与机会安排缺乏公平性，当代人对矿产资源过度、过早地开采减少了后代人平等参与矿产资源开发的机会，损害了其获得合理的矿产资源开发收益的权利。机会分配与权利享有的不公平表明矿产资源开发收益分配存在对于后代人这一主体不公平的特点。现行的矿产资源价格未完全包含矿产资源开发的负收益，这就导致矿产资源开发总收益偏低，收益分配难以确保公平性。同时，由于缺少有效的财富转移机制，资源耗竭负收益在当代人与后代人之间分配不公，后代人利益受损；补偿机制不健全导致社会发展负收益在矿山企业与资源产地及当地原生居民之间分配不公，资源产地及当地原生居民利益受损。

在共享发展的理念下，矿产资源开发收益分配的目的是要维护各方权益，实现共同富裕。后代人也理应是矿产资源开发收益分配中重要的收益分配主体。根据上述分析，在现行的矿产资源开发收益分配机制中，并未将后代人作为收益分配的重要主体予以充分考虑。后代人公平使用矿产资源的机会减少，却未获得相应补偿，而当代人过分、过早地享受了矿产资源开发带来的红利，导致矿产资源开发收益的不合理支出与使用，甚至是挥霍性消费，进而引起资本流失等不可持续发展现象。资源产地及当地原生居民的发展权在矿产资源开发中受损，却未得到相应补偿，导致资源产地及当地原生居民在矿产资源开发中的部分收益被矿山企业获得，其自身却难以获得足够的资金支持社会经济的可持续发展。由于资本流失、区域社会经济发展不可持续，共同富裕也就难以实现。

为尽可能保证矿产资源开发收益公平分配，保障后代人矿产资源开发适当权利，征收矿产资源税费成为重要手段之一。政府本身是多重利益的代表者，既代表着矿产资源所有者、公共管理者，又代表着后代人、矿产资源产地及当地原生居民参与矿产资源开发收益分配，获得矿产资源开发收益。但政府不应是矿产资源开发收益的终极占有者，应通过合理规范资源税费的支出与使用，将后代人的利益也充分考虑进来，纳入规划框架，使后代人确实有机会分享到矿产资源开发收益。矿山废弃地复垦后可以带来明显的代际效益，因为较难量化具体的代际效益数值，研究将代际效益作为一个社会效益进行考虑。

7.6　项目应用模式

7.6.1　运作模式

政府和社会资本合作（PPP）模式是在基础设施及公共服务领域建立的一种长期合作关系。通常模式是由社会资本承担设计、建设、运营、维护基础设施的大部分工作，并通过“使用者付费”及必要的“政府付费”获得合理的投资回报；政府部门负责基础设施及公共服务价格和质量监管，以保证公共利益最大化。

根据国家关于推广运用政府和社会资本合作模式的指导意见，本项目具体运作模式为“投资-养护-移交”一体化的政府购买服务方式。定南县政府指定机构与社会资本成立相关项目公司，地方政府给予项目公司维护养护本项目的权利，并按照协议约定向项目公司支付购买服务费。项目公司在合作期内取得购买服务费，以补偿经营成本、还本付息、缴纳税金、回收投资和获取合理的投资回报。在合作期满终止时，项目公司将项目设施无偿、完好地移交给定南县政府或其指定机构。移交完成后，项目公司清算，社会资本退出。

7.6.2　交易结构

（1）投融资结构：定南县废弃稀土矿山后期管护治理项目总投资约 3237915.903 元，自有资金与债务资金比例建议为 3∶7，其中自有资金约 971374.7708 元，由县建投集团和社会资本共同出资。

（2）合作期限：根据财政部的相关政策规定，综合考虑县财政可承受能力和社会资本投资回收要求，本项目建设期拟定为 2 年，养护期为 1.5 年，建设期自县自然资源部门和项目公司正式签署 PPP 协议之日起算，养护期自施工验收合格的次日起算。

（3）投入回报机制：主要从项目公司投入、项目公司回报进行分析，具体分析如下。

① 项目公司的投入

建设投入：本项目已发生的前期工作费用（该部分据实计算）；征地拆迁补偿费用（根据市政府常务会议通过的补偿方案最终确定）；项目排水工程、清淤工程、挖方工程、填方工程，以及土地平整等工程费用（采用工程量清单计价方式实行预算总价包干制，不可预见费按 2%计提）。

养护投入（投标人自行参照国家和地方相关计价规范和规定测算）：可利用土地的地面固结沉降和塌陷稳沉的跟踪监测；湖泊岸坡维护和地裂缝处理。

② 项目公司的回报

项目公司完成工程投资、建设并经施工验收合格后，按照PPP协议规定的义务提供后续的养护服务。市自然资源局将按照PPP协议约定，在每个会计年年末向项目公司支付购买服务的费用。项目公司通过获得服务费用弥补其投资、养护费用并获得合理回报。社会资本股东通过分红获得投资收益。

政府支付服务费用的资金来源有：治理后可利用土地、水域的开发收益，主要是建设用地出让净收益（除去上缴中央、省、市级部分后的收入）；项目申请获得的国家矿山地质环境治理专项资金，以及后期申请获得的专项资金（如有）；市财政给予的补贴。

（4）社会资本退出机制：合作期满后，项目公司按照PPP协议的约定将项目资产无偿移交给政府或其指定机构。移交完成后，项目公司清算，社会资本退出。对于项目公司来说，仅以财务者的身份参与到项目，不能完全发挥其在资本运作方面的优势，安排相应的退出机制则可以发挥其在资本运作方面的优势，如PPP项目资产证券化的操作实务。资产证券化是指将缺乏流动性的，但具有未来现金收入可能性的资产打包收集起来，建立资产池，并通过结构性重组的方式，将其转变成可以在金融市场上出售和流通的证券。中央自2016年以来，逐步鼓励利用资产证券化的操作方式以丰富在PPP项目中社会资本的退出渠道。事实上，第一批推出的证券化形式较难实现隔离项目风险和项目资产的真实出售，并不能为项目投资者提供直接的退出渠道。

7.6.3 社会资本选择

研究选取国内几家知名的矿山生态修复工程企业，对比其优劣势，为定南县废弃稀土矿山后期管护治理项目选择社会资本类型作为相应参考。具体情况如表7-4所示。

表7-4 国内知名矿山生态修复工程企业对比

名称	北京建工环境修复股份有限公司	深圳万向泰富环保科技有限公司	路域生态工程有限公司
性质	隶属北京建工集团环保业务板块，是国有控股公司	集团旗下的全资高新技术企业，在节能环保行业拥有多项自主知识产权的发明与实用新型专利技术	北京市认定的高新技术企业，在交通生态修复领域承担了多项省部级重点工程
优势	（1）经验丰富：在国内率先展开土壤修复实践，成功实施国内首例土壤修复项目——北京化工三厂土壤修复工程；	（1）技术优势：拥有自主知识产权的绿霸Greenbay三维排水柔性生态边坡建设技术体系，拥有较高自主创新能力；	（1）质量优势：公司有经验丰富的专业施工队伍及齐全的施工设备，并且具备ISO9001质量管理体系认证、ISO14001环境管理

续表

名称	北京建工环境修复股份有限公司	深圳万向泰富环保科技有限公司	路域生态工程有限公司
优势	（2）实力强劲：公司土壤修复业务市场占有率较高，占全国同类修复工程项目的 80%，公司业务水平及市场推广能力较强； （3）科研实力雄厚：公司掌握过氧化氢-臭氧原位注入、重金属固化稳定化药剂研发、异位 SVE 研发等技术；获得多项发明专利、实用新型专利及软件著作权，较同类企业有较强的技术实力	（2）生态绿色：公司特有的生态边坡工程系统生态环保、消音美观，且与生态环境融合度高，施工时不产生建筑垃圾和施工噪声。同时，修复工程植被选择度高； （3）修复优势：填充作业时能合理、精确地补充土壤中缺少的元素成分和养料，更利于植被的生长；对于硬质坡体或石质坡体的生态修复，为植被生长提供足够厚度的土壤环境	体系认证和 OHSAS18001 职业健康安全管理体系认证； （2）口碑优势：与多地合作方精诚合作，先后完成大中型交通和矿山生态修复工程一百多项，所有工程均取得了良好的生态效益、经济效益、社会效益，获得了业主和社会各界一致好评； （3）人才和团队优势：公司拥有生态修复行业顶尖的项目经理和一级建造师数十名，拥有大中型专业施工设备一百套，拥有近千名专业工程人员和五十多项专有工程技术
不足	需吸纳更多人才，完善人才储备计划	技术体系较为单一，以生态为主	业务面较为单一

在社会资本的选择上，参照上述三家典型企业情况，可以得到以下几点基本要求。

首先，以技术为保证。生态修复项目实际上是一个对技术有一定要求的项目。修复技术的先进程度和成熟程度会直接影响项目的治理效果。只有技术应用得当才能实现真正的可持续发展。其次，具备研发能力。绿色、可持续是动态概念，社会资本本身要具备一定的创新能力，那么，研发创新能力是必不可少的一点。最后，人才和团队优势。相对普通的污染治理，生态修复在技术难度上更为复杂，同时高端专业的人才也更为稀缺，社会资本需要具备人才与技术的积极储备意识。

7.6.4　风险分配

本项目风险分配应体现政府和社会资本“风险分担、利益共享”的合作原则。具体来说，应坚持以下风险分配的原则：（1）风险承担方应具备控制风险的能力；（2）风险承担方应具备转移风险的能力；（3）风险承担方通过控制风险可获取额外经济利益；（4）通过控制风险行为可获取额外收益的一方处理风险更高效；（5）如果风险最终发生，风险承担方不应将该风险连带产生的费用和损失转移给另一方。

基于以上原则，综合考虑双方风险承受和管理能力、项目回报机制和市场风险管理能力等因素，案例项目风险的承担方主要涉及政府和社会资本。政府主要承担政治和法律风险（政治不可抗力风险、项目审批风险、建设标准和养护要求变更风险），建设风险（设计变更风险），自然不可抗力风险。社会资本主要承担建设风险（工程质量风险和项目进度滞后风险），融资风险（融资成本超出计划风险、融资资金是否到位风险），养护风险（成本变动风险、设备更新风险），自然不可抗力风险，经济风险（利率风险、汇率风险、市场风险、通货膨胀风险等）。

7.7 本章小结

本章选取合作单位拟进行的定南县废弃稀土矿山后期管护治理项目进行研究分析，实地调研。结合定南县废弃稀土矿山的实际情况，将该地养护工程划分为地形整治工程、截排水工程及植被恢复工程。根据该地实际地质、经济等条件，设计对应的工程方案，并核算该项目生态修复的成本，最终成本确定为3237915.9025 元。课题根据定南县废弃稀土矿山后期管护治理项目情况认为，适合将 PPP 项目模式引入该项目，并从运作模式、社会资本选择及风险分配等多角度分析其适用性，且从经济、社会、代际三方面分析其可能产生的效益。

第 8 章　新常态下矿山或有环境负债治理 PPP 模式应用建议

自然资源部规划在矿山集中地区择优建设绿色矿业发展示范区，使之成为矿业领域生态文明建设的样板区。国家也明确提出在赣州建立稀土产业基地，突出治理环境负债，而赣南稀土陷入了借壳上市的死循环更是稀土发展永远的痛。因此，研究选择赣南稀土或有环境负债治理为案例，以国务院下发的《国务院关于支持赣南等原中央苏区振兴发展的若干意见》作为改革窗口和试点区的政策支持，用好用足国家给予赣南先行先试的优惠政策。基于前文对矿山或有环境负债的界定、矿山废弃地修复现状分析、矿山废弃地治理的价值路径分析、环保 PPP 项目应用现状和模式分析、矿山或有环境负债利益相关者演化博弈模型构建、演化博弈分析和仿真分析，研究拟将分析结果应用于定南县废弃稀土矿山后期管护治理项目，期望根据矿山或有环境负债现状，找到民生、生态、经济与环境的平衡点，从法律、PPP 模式选择、环保治理基金、政策保障、配套措施等方面提出“政府引导、市场主导、企业化运营、公众参与”的 PPP 治理模式，探索矿山或有环境负债治理 PPP 模式的新路径，也为赣南稀土绿色矿业发展提供借鉴。

8.1　总体框架设计

经过整理文献和搜集相关治理案例，目前针对矿山或有环境负债有三种治理模式。一是自然资源部国土资源投资开发管理中心与地方政府合作的治理模式。这种模式适用于创建国家级绿色矿山试点、绿色矿业发展示范区建设项目，希望通过国家部门和地方政府合作治理形成绿色矿业新模式的范本，一般具有典型性和代表性。符合这种类型的矿山废弃地修复条件比较苛刻，数量比较少。二是地方政府财政资金先行投入矿山废弃地，进行项目设计和整体规划。财政资金先期投入，地方政府做好整体规划，再开展招商引资进行后续治理。这种模式一般适用于位置相对较好的矿山废弃地，如处于城市建成区棕地附近、自然保护区、风景名胜区、水源保护区、交通干线两侧等地，治理修复后的矿山废弃地有较高的资产利用价值，容易吸引商业企业加盟。三是地方政府引导社会资本参资入股，采用 PPP 模式修复治理矿山废弃地。根据矿山废弃地所处地理位置，依托当地人文背景和整体规划，可以转型发展矿山旅游产业、矿区博物馆、果树种植或其他相关产业。

矿山废弃地治理内容一般以生态修复和污染治理为主，具有公益性强、投资规模大、建设周期长等特点。传统方式下的矿山或有环境负债治理存在机制不灵活、治理资金投入不足、结构和渠道单一、效益低下等问题。一方面矿山或有环境负债治理需要大量治理资金投入，另一方面有大量社会资金在寻找投资出路。因此，需要探索一个兼顾政府和社会资本双方利益的 PPP 项目利益回报机制，从而保证 PPP 模式在矿山或有环境负债治理中的应用，吸引社会资本进入，提高矿山或有环境负债治理的效益。图 8-1 为 PPP 模式在矿山或有环境负债治理中的应用机制的总体设计。

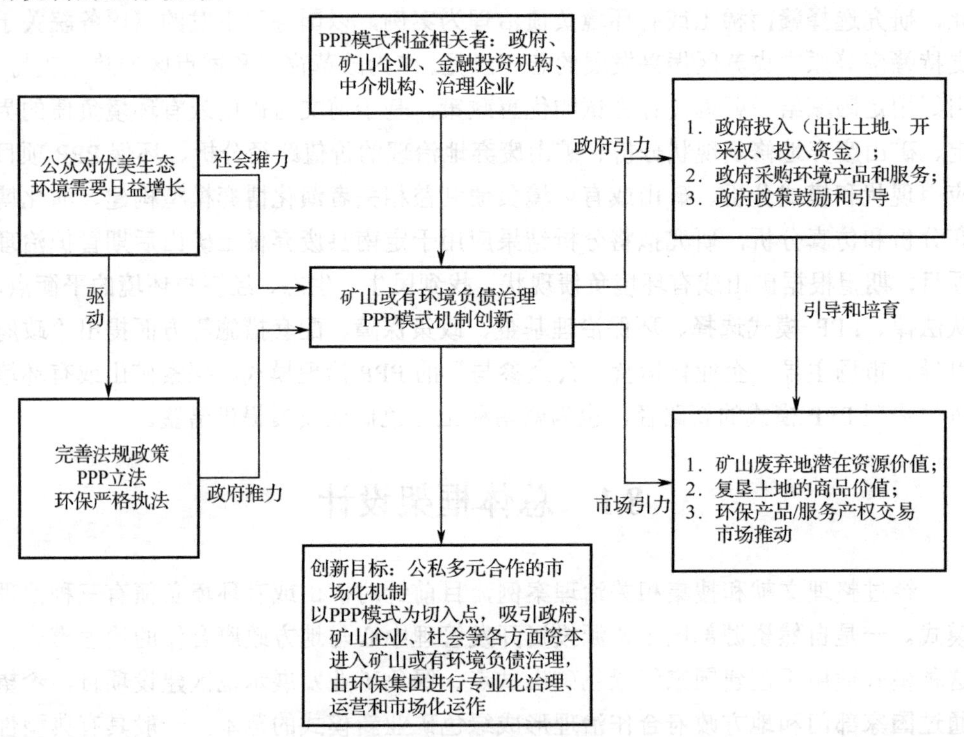

图 8-1　矿山或有环境负债治理 PPP 模式应用机制总体设计

图 8-1 显示，矿山或有环境负债治理 PPP 模式机制创新需要由社会和政府“推力”、政府和市场“引力”共同作用。在生态文明背景下，公众对优美生态环境的需要使得环境问题亟待破解，也驱动政府通过完善法规、推动 PPP 立法、严格执法来推动生态修复。针对矿山或有环境负债治理 PPP 模式的应用机制设计，政府可采用废弃地项目整体打包出让土地所有权，允许私人部门对 20%的土地进行适

度开发，政府依据环境效果进行付费的合作方式。针对矿山或有环境负债治理 PPP 项目，关键是私人部门投资回报机制的设计，研究对 PPP 项目利益回报机制从资源路径、资金路径及社会资本投资安全退出路径三方面进行设计。

2013 年出台的《土地复垦条例实施办法》规定，复垦后的废弃地可以通过市场进行转让。矿山废弃地在政府主导、政策支持和社会资本的参与下，完全可以实现从环境负债、复垦转化为可利用资源，通过市场流转提升为资产或者资本的目的，使矿山废弃地具有三重属性。因此，私人部门可以通过生态治理解决环境问题，让矿山废弃地变成可利用的土地资源。由于土地具有稀缺性而且治理方复垦土地产权可以进行市场置换，因此可以实现废弃地资源转化为资产甚至是资本，为矿山废弃地从环境负债转化为资产提供了价值路径。

同时，政府可将矿山修复专项资金、企业环境恢复保障金组建成环保种子基金，一方面强化对矿山或有环境负债治理财政贴息、补助、激励、税收减免等政策投入，另一方面和私人部门投资的矿山或有环境负债治理 PPP 项目对接，形成专门的基金运作，形成上层基金化模式、下层项目合作模式的多元化投资方式，在一定程度上既可保证基金对 PPP 项目的支持，也可以进行 20%的适度商业投资，保证私营投资资金获利。

为保证私人部门投资安全退出，政府可以在传统合同期满、股权转让的基础上，尝试建立 PPP 股权交易平台、PPP 基础资产证券化等市场金融交易手段，加强社会对复垦产品和服务的市场置换采购，这样能保证私人部门投资在市场上顺利退出，而较少受限于政府的政策和信用约束。

8.2　合理选择矿山或有环境负债治理 PPP 模式

8.2.1　矿山或有环境负债治理 PPP 模式应用

目前世界各国对 PPP 模式的内涵认识不一，应用模式不同，合作方的产权、运营和风险也就不同。根据目前我国的实际情况，按照运作模式，可将 PPP 项目分为外包类、特许经营类和私有化类三种类型，如图 8-2 所示。在外包类 PPP 项目中，政府处于主导位置，提供资金，社会资本只负责部分职能，听从政府安排。在特许经营类 PPP 项目中，社会资本通常需要投入部分或全部资产，与政府共享义务、分担风险。该类型的 PPP 项目形式一般适用于准公益性项目，政府既保证了项目所有权，又缓释了政府财政压力。在私有化类 PPP 项目中，政府和社会资本签订合同，社会资本依合同规定在项目结束后享受该公共基础设施的所有权。在此类项目中，社会资本承担风险最大。

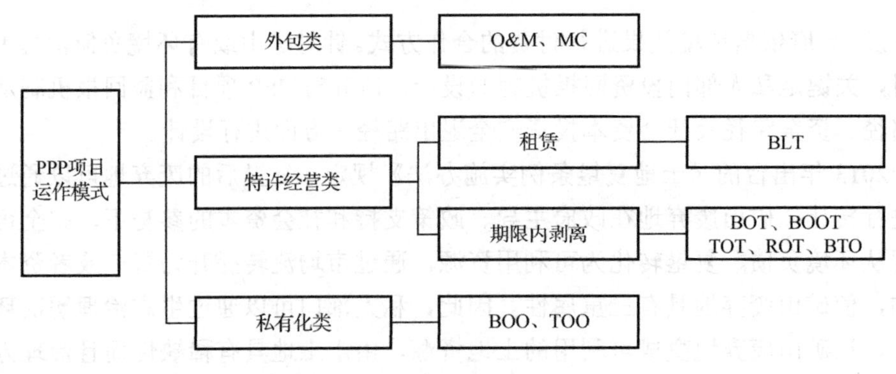

图 8-2　我国 PPP 项目运作模式分类

8.2.2　矿山或有环境负债治理 PPP 模式应用比较

矿山或有环境负债治理项目包括对废弃地废水、废气、土壤及固体废弃物的处理，其项目流程主要包括建设期和运营维护期两个阶段。政府可以先对矿山废弃地进行治理，再通过出让土地使用权获取收益，即“治理-出让”型。另外，政府也可以通过出让土地使用权，让社会资本主动挖掘经济效益，使矿山废弃地获得治理，即“出让-治理”型。从 PPP 项目运作模式角度，研究将目前采用较多的矿山或有环境负债治理 PPP 项目的两种运作模式——O&M 模式和 BOT 模式进行介绍和比较。

O&M（运营&维护），即政府保留已有的矿山相关土地、设备、资源等所有权，将部分权益、运营维护职能委托给社会资本，并向其支付委托运营费用。合同期限一般少于 8 年。采用 O&M 模式，在建设期内，政府自行融资，治理资金由政府一力承担，财政压力并未得到有效缓解。而社会资本仅在运营期间发挥作用，需要承担的责任和风险相对较小。此类治理模式，主要以政府为主导，限于政府财政能力约束、政府治理的专业能力不足，此种模式并不具有可持续性。

BOT（建设-经营-转让），即以政府和社会资本之间达成协议为前提，由政府授予社会资本特许经营权，允许其在一定时期内筹集资金进行项目建设，项目建设完成后享有管理和经营该项目及其相应产品与服务的权利。项目特许经营期一般为 25 至 30 年（含建设期），在特许经营期结束后，社会资本将全部资产移交给政府或相关部门。采用 BOT 模式，在建设期，社会资本分担部分资金压力和风险，利用社会资本的流动性提高效率，充分发挥社会资本的主动性，寻找治理项目的经济效益点，打破环保治理类项目利润空间小的僵局。但此模式适用于有稳定回报的环境治理项目，不太适用于低利润的矿山或有环境负债治理。PPP 项目运作模式选择情况如图 8-3 所示。

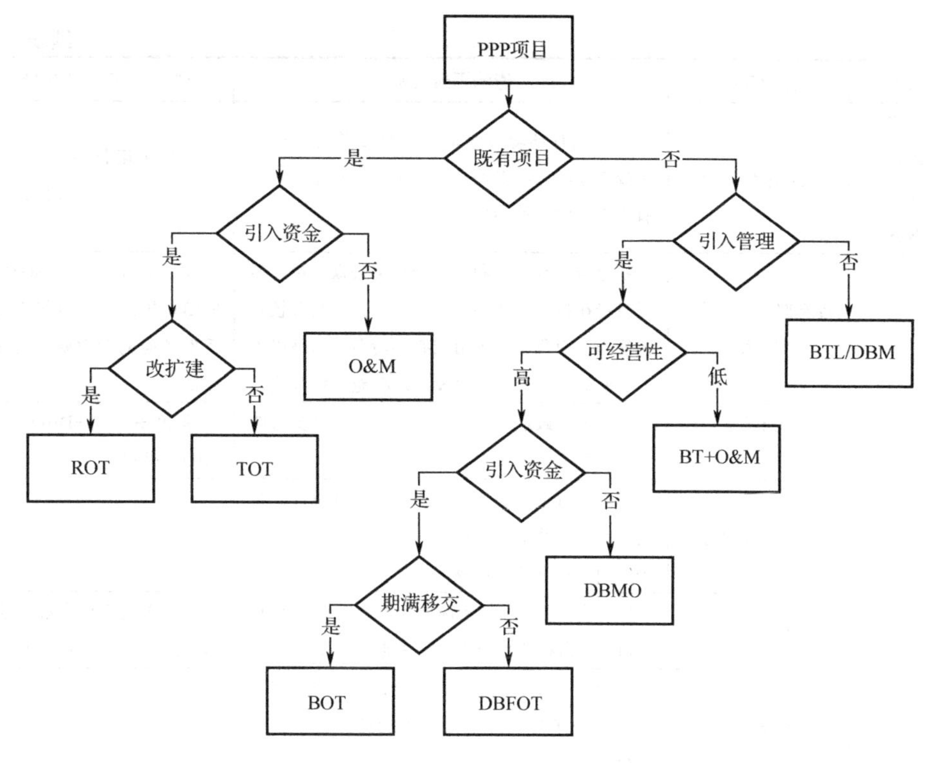

图 8-3　PPP 项目运作模式选择

8.2.3　矿山或有环境负债治理 PPP 项目影响因素和选择模式

从前文可知，目前矿山或有环境负债治理 PPP 项目常用的模式还存在不足和短板。矿山或有环境负债治理 PPP 模式适用条件不同于一般经营性项目、社会公益项目，因此需要进行具体分析。基于相关文献和实践，研究结合矿山或有环境负债治理项目本身特点、政府能力、目标偏好和社会资本能力等影响因素进行 PPP 模式的选择和设计，以探讨矿山或有环境负债治理 PPP 项目影响因素和可行模式选择，具体分析如表 8-1 所示。

表 8-1　矿山或有环境负债治理 PPP 项目影响因素和可行模式选择分析

大类	具体影响因素	影响因素说明	建议 PPP 模式选择
矿山或有环境负债治理项目本身	项目经济属性	矿山或有环境负债治理作为公益性项目，无现金流入，依赖政府付费或租金支付方式实现	建议采用付费/租赁 PPP 模式，如 FDBT、FDBOM
	项目技术属性	PPP 项目作为矿山或有环境负债治理网络系统中的小节点，必须考虑网络系统整体优化。因此，政府为保证项目社会效益必须拥有较大决策权	建议采用付费 PPP 模式，如 DBO、DBOM、FDBT、FDBOM

续表

大类	具体影响因素	影响因素说明	建议PPP模式选择
矿山或有环境负债治理项目本身	项目战略地位	矿山或有环境负债治理项目目前对国民经济或产业结构的影响一般，可以由社会资本拥有产权或实际控制权	建议采用付费PPP模式，如FDBOM、FDBOO
政府能力、目标偏好	政府部门（雇员）能力	社会资本具有逐利本性会损害公众利益，需要政府在招标、谈判、监管规制方面具备较强的能力。而我国，矿山或有环境负债治理引入PPP模式还处于初级阶段，政府能力相对较弱	建议采用DBD、DBOM、FDBT模式，在这些模式下对政府的能力要求相对较低
	政府财政支付能力	目前地方政府负债多，既不具备即期支付能力，也无强大的未来财政支付能力	建议采用FDBOT、FBOO模式
	政府目标偏好	矿山或有环境负债治理引入PPP模式，在融资、提高运营效率、缩短工期和降低成本这四个方面的目标偏好都需要考虑	建议采用FDBOT模式
社会资本能力	融资能力	矿山或有环境负债治理项目投资规模大，而目前市场中潜在的社会资本融资能力相对较弱	建议采用政府和社会资本共同投资的FDBOT模式
	技术管理能力	矿山或有环境负债治理项目复杂，当前市场上满足技术与管理能力需求的社会资本相对较少	建议采用FDBT模式

从表8-1可以看出，矿山或有环境负债治理项目属于公益性项目、现金流少，项目系统复杂；政府，尤其是地方政府目前监管能力、支付能力比较有限；社会资本进入的意愿不太强烈，矿山企业被动治理，大型专业化的环保治理企业集团较少。综合这些因素，矿山或有环境负债治理PPP模式比较集中采用由社会资本部分或全部投资付费的FDBT/FDBOT模式，即融资-设计-施工-移交（Finance-Design-Build-Transfer）/融资-设计-施工-运营-移交（Finance-Design-Build-Operate-Transfer）。这两类模式由社会资本承担矿山或有环境负债治理项目的投融资和建设，通过在运营期内社会资本转让复垦土地、经营产品收费或政府采购服务来获取回报。

在这两种模式中，主要面临利益回报机制设计的问题。由于矿山或有环境负债治理属于中低利润环保项目，保证社会资本的正常获利是关键。因此，矿山或有环境负债治理PPP模式不能简单选择环保项目和环保产业基金这两种方式，应该选择区域环保整体项目的方式，将生态治理土地复垦、矿山景观旅游、种养殖产业、土地开发、资源开采转让等不同的产业链条作为子项目，使原来并不盈利的环保项目，通过复垦使废弃地转变为可利用的土地资源，社会资本将复垦土地作为生产要素投入生产产品和服务（成为资产），再通过矿山废弃地交易市场转让交易（转化为资本）。这样一条价值实现路径可以使整个项目包的总收益达到可以吸引社会资本的水平，从而达到矿山或有环境负债治理和吸引社会资本的双重目的。

在将资源补偿模式引入矿山或有环境负债治理项目的过程中，由于治理项目利益回报机制不明确，因此需要采取相应的方式进行补偿，以弥补社会资本投资收益不足。针对目前矿山或有环境负债治理相关实践，主要有建设用地资源补偿、矿产资源尾矿循环补偿、土地修复景观旅游用地补偿三种方式。本研究主要对废弃地治理修复转化为建设用地资源补偿的方式进行分析，该方式将修复转化土地作为社会资本项目投资不足部分的补偿资源，如图 8-4 所示。但由于我国现有土地出让政策方面的限制，因此私人或者集体获取土地资源需要通过捆绑招标、土地出让金补偿和作价入股三种方式来使土地使用权的获得合法化。无论采取哪种方式进行资源补偿，土地价值的确定都是十分关键的因素。因此，在该项目准备阶段，需要通过假设开发法或成本加成法，从治理运营期投入、治理完成后土地价值、治理成本、管理费、销售费用、销售税费等方面进行财务估算，最终确定该块土地的价值，从而明确社会资本获得补偿的价值。

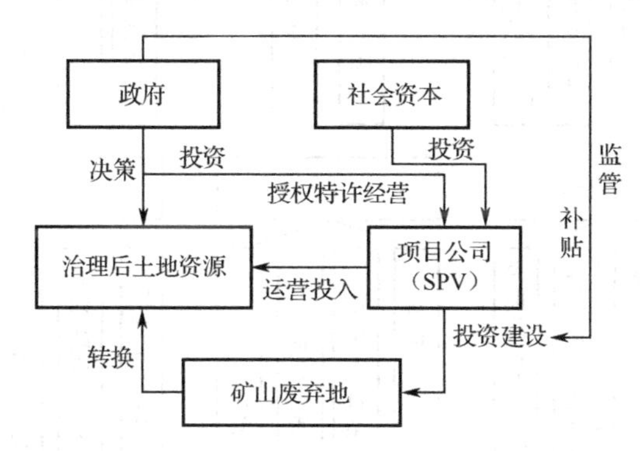

图 8-4　建设用地资源补偿方式下的矿山或有环境负债治理 PPP 项目运作示意图

8.3　矿山或有环境负债治理 PPP 项目适格的合作伙伴选择

自 2014 年以来，PPP 项目在全国各大领域都取得较好的成效，其优点在于社会资本的参与大大弥补了政府财政不足的短板，但也存在不少 PPP 项目执行困难、被清理退库等问题。其中，社会资本主体的适格性是项目成功与否的关键因素之一。PPP 项目的另一个优点就是，社会资本可以利用其专业知识全程参与项目建设治理，减少运营成本，提升工程质量，优化收益结构，从而实现规模效应。因此，社会资本的适格性是 PPP 项目合理匹配、成功推进的一个关键点。

对于 PPP 项目适格的合作伙伴选择，部分学者进行了学术研究和理论探索。

本研究对相关文献进行梳理，在中国知网等数据库上以“PPP+选择”“EPC+选择”为关键词搜索到约 50 篇文献。文献主要集中在 PPP 项目社会资本选择模型、PPP 项目社会资本选择模型评价指标、EPC 总承包商选择模型、EPC 总承包商选择模型评价指标等方面。

综合相关文献和实践，对于矿山或有环境负债治理 PPP 项目合作伙伴，研究选择 Zhang 等[180]的 PPP 项目社会资本选择模型评价指标，主要从经济能力、技术能力、管理能力、经验表现、社会声誉五个维度确定了 18 个指标，并结合矿山废弃地实际情况另设一组指标。六组指标共同组成选择矿山或有环境负债治理 PPP 项目合作伙伴的指标体系，如图 8-5 所示。

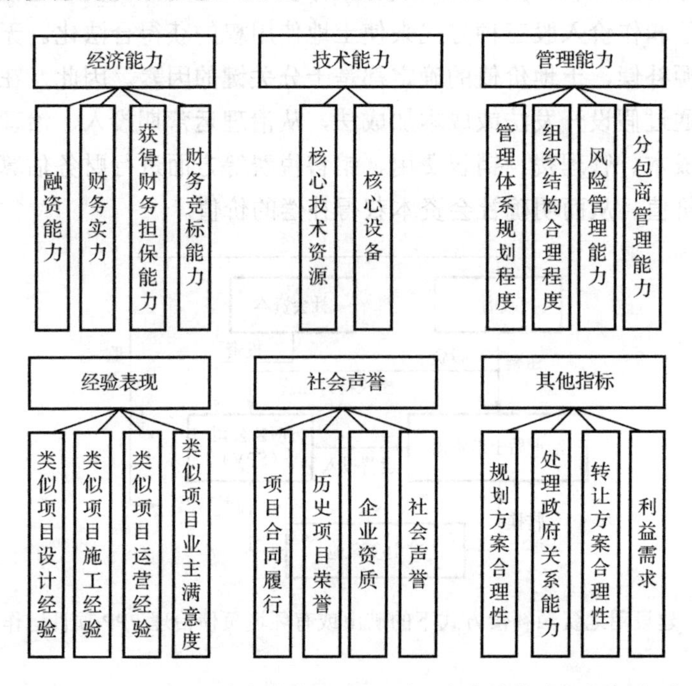

图 8-5　矿山或有环境负债治理 PPP 项目合作伙伴选择指标体系

1. 经济能力

经济能力具体体现在合作伙伴的融资能力、财务实力、获得财务担保能力、财务竞标能力四方面。矿山或有环境负债治理 PPP 项目是典型的公益性质项目，项目对资金的需求大，项目回报周期长，对合作伙伴经济实力和融资能力有较高要求。合作伙伴需能负担庞大的资金垫付并且具备较强的资金周转能力，否则在推进过程中，矿山或有环境负债治理 PPP 项目会因为资金短缺面临被搁置、甚至失败的状况。因此，经济能力是评价合作伙伴能力的重要指标。

2. 技术能力

技术能力指标包括核心技术资源、核心设备等。矿山或有环境负债治理涉及非常复杂的治理工艺，地质条件复杂，水土、山体等修复对技术有较高要求。因此，矿山或有环境负债治理 PPP 项目对合作伙伴能够充分利用其核心技术、优化矿山废弃地的利用、改善生态环境有很高的期望。因此，技术能力是政府在选择合作伙伴时不可缺少的指标。

3. 管理能力

管理能力表现为管理体系规划程度、组织结构合理程度、风险管理能力、分包商管理能力。在矿山或有环境负债治理 PPP 项目的全生命周期范围内，合作伙伴内、外部的综合管理能力对 SPV 项目公司的效率有很大的影响，因此也应成为 PPP 项目适格合作伙伴的考量指标。

4. 经验表现

这里的“经验”主要包括合作伙伴在环境修复类似项目上的设计经验、施工经验、运营经验、业主满意度等方面的经验。由于矿山或有环境负债治理具有复杂性、高风险、资金回报周期长等特点，政府需要考虑合作伙伴是否有类似项目的相关经验，同时可以参考过去 3～5 年企业项目合同的配额、完成程度和绩效。这些治理经验可以增加合作伙伴的可靠度、可信度，在一定程度上可以提高治理项目成功的概率，可以支持未来的决策。

5. 社会声誉

社会声誉包括项目合同履行、历史项目荣誉、企业资质、社会声誉等。社会声誉是企业内在价值的体现。合作伙伴的社会声誉反映了它承担责任的能力，反映了它对社会的价值程度。矿山或有环境负债治理公益性强、风险高、资金回报周期长，对企业的趋利性有更高的约束，更需要合作伙伴能把握大局，注重生态效益和社会效益的统一。

6. 其他指标

结合矿山或有环境负债治理的实际情况，研究同时设置了规划方案的合理性、处理政府关系的能力、转让方案的合理性及利益需求四个子指标。矿山或有环境负债治理项目涉及废弃土地使用和残留资源利用问题，法律规定不完善和土地使用记录混乱等原因使得环境破坏责任方难以识别和确认，政府从道义上必须承担治理的主要责任。因此，在选择合作伙伴时，对合作伙伴在处理政府关系和一旦需要转让时转让方案的设计这两个问题上有一定的要求。同时，矿山或有环境负债治理 PPP 项目涉及利益相关者众多，社会环境的多样性要求合作伙伴也应该具备平衡利益关系的能力。

在已有文献中，对权重的确定方法多采用模糊分析法、灰色关联分析法、TOPSIS 法、德尔菲法、层次分析法等。依据不同的评价方法测算的合作伙伴的排名是不一致的，建议政府为统一标准，采用如下方法筛选：（1）算术平均法，通过计算不同方法排名的平均数来得到最终排名；（2）Borda 法，拥有投票权的人按照偏好排列被投票者，按照选票的排位不同获得不同的分值，以此类推，分数累计最高者成为最终获胜者；（3）Copeland 法，与 Borda 法不同之处在于计算“优”次数的同时还要计算“劣”的次数，然后进行排序。通过算术平均法、Borda 法及 Copeland 法可以得出合作伙伴的排名，选择排名前两位的伙伴纳入考虑合作的范围。

对社会资本的适格性进行考察是一种综合的多角度决策分析，矿山或有环境负债治理 PPP 项目综合性高、公益性强、投资回报率较低，对社会资本要求更加严格。因此，矿山或有环境负债治理 PPP 项目需要根据矿山修复实际内容和修复目标，将多种评价方式相结合，确定各指标在社会资本选择中的权重，从而对社会资本综合能力进行评估和排序，防止出现社会资本对政府实施套牢、“敲竹杠”等机会主义行为。

8.4　矿山或有环境负债治理 PPP 项目合作机制设计

矿山或有环境负债治理属于中低利润环保项目，没有合适的项目合作机制引导是很难吸引社会资本进行投资治理的。PPP 项目合作机制主要包括项目投融资结构、项目利益回报机制、激励机制、风险承担体系等方面。项目投融资结构主要阐述的是项目资本性支出资金的来源、性质和去向等。项目利益回报机制主要阐述的是项目中回报性资金收入的来源。激励机制主要是政府针对社会资本、公众方面的激励，主要有物质激励和精神激励两方面。在物质激励方面，政府可以使用财政政策、税收政策、行政政策等手段；在精神激励方面，主要采取荣誉、社会声誉等手段。风险承担体系主要是政府和社会资本在招投标、项目融资、项目建设、合同契约等方面的风险分配。

8.4.1　矿山或有环境负债治理 PPP 项目投融资结构

矿山或有环境负债治理项目的投融资渠道主要分为四个方面。一是基于矿山或有环境负债治理项目的公益性特点获得外部资金支持，主要来源有政府直接投资、政府财政补贴、政府税收优惠、政策性金融支持等方面。二是基于矿山或有环境负债治理项目产生的外部溢价形成溢价回收，矿山或有环境负债治理后使土地增值，可以催生大量物业开发群体参与，从而产生受益者溢价。三是利用矿山或有环境负债治理 PPP 项目本身的商业特点获取市场融资。四是基于政府权责的部分让渡获得社会资本融资。具体的矿山或有环境负债治理 PPP 项目投融资资金来源如表 8-2 所示。

表 8-2　矿山或有环境负债治理 PPP 项目投融资资金来源

项目特点	融资类型	融资表现形式	融资难度
公益性	外部资金/政策支持	政府直接投资、政府财政补贴、政府税收优惠、政策性金融支持	比较容易
外部性	溢价回收	通过制定与实施受益者（政府、房地产开发商、各类商业实体、房地产所有权人或长期租赁人等）相关的负担制度，产生生态环境项目的相关溢价回收	基于 TOD 策略土地利用模式应成为项目融资方向
商业性	市场融资	基于政府付费预期收益、企业自身、第三方信用担保方式采取市场化项目融资	融资难
基于政府权责让渡	社会资本融资	公私合作投资共建矿山或有环境负债治理	条件苛刻：公平市场环境、适格合作伙伴、政策稳定、合理风险分担及回报机制、政府财政、契约精神

从表 8-2 可以看出，矿山或有环境负债治理 PPP 项目投融资方式有四种渠道，各有优缺点。因此，在矿山或有环境负债治理 PPP 项目中，可以将四种方式融合，进行投融资结构的设计。

《PPP 项目合同指南（试行）》规定，无论采用何种投融资结构，在由政府与社会资本按照 PPP 相关契约，约定出资比例成立的项目公司（SPV）中，政府要有明确的付费比例，不能固化政府的投资责任，且财政支出责任占比不超过 5%。

矿山或有环境负债治理项目资金需求大，建设周期长，利润回收期长，对社会资本的要求较高。为调动社会资本的积极性，建议在矿山或有环境负债治理 PPP 项目中，将政府出资人在项目公司的股权占比控制在 10%～30%，其余出资由社会资本承担。实际建设过程中的剩余建设资金主要由社会资本负责筹集，可通过金融机构贷款等方式完成。政府可以采用“直接投资+财政补贴+部分土地资源划拨”的组合方式进行投资、入股，与社会资本组建矿山或有环境负债治理 SPV 公司。社会资本基于政府划拨的矿山开采权、土地治理修复资产等有价资源，通过运营、转让的方式向金融机构进行商业性融资。这样就会形成政府投资/划拨资源、社会资本投资、金融融资机构融资的投融资结构，由 SPV 项目公司进行建设和运营，政府监管和支付部分补贴，社会资本获取运营收益、政府补助和有价资源收益。项目整体投融资结构如图8-6所示。

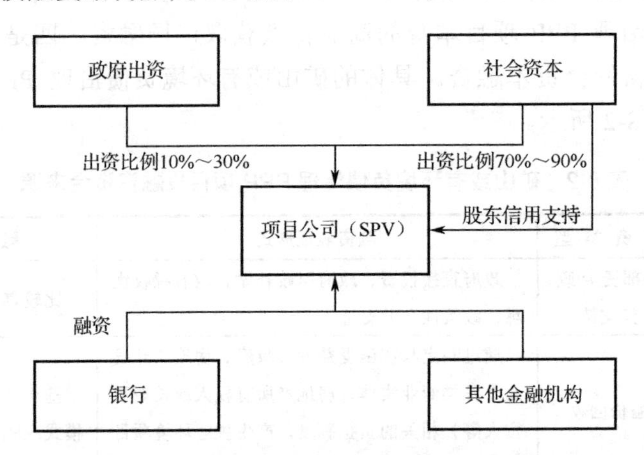

图8-6 矿山或有环境负债治理PPP项目投融资结构图

根据图8-6，结合矿山或有环境负债治理PPP项目模式和内容的不同，对PPP模式投融资方式进行分析，如表8-3所示。

表8-3 矿山或有环境负债治理PPP模式投融资方式设计

治理模式	修复内容	投融资方式	治理目标	案例应用
矿山修复+运营维护	复垦、复绿，生态效益为主	财政资金+矿山地质环境治理恢复基金+少量使用者付费	复垦为耕地；复垦为林地、绿地；次生地质灾害监测、预报与防治等	河北沧州市河间砖厂工矿废弃地复垦PPP项目，总投资22716万元，回报机制为政府付费，项目已进入执行阶段
矿山修复+矿山废弃地复垦利用指标交易	矿山废弃地复垦为建设用地	社会资本获得城镇建设用地指标，指标流转，进行项目投资与融资	通过矿山废弃地复垦补充城市建设用地指标	2018年安徽省首批工矿废弃地复垦利用节余指标在安徽合肥公共资源交易中心成功挂牌转让
矿山修复+城镇低效用地再开发	矿山废弃地复垦用地再开发	矿山废弃地的原矿企业/企业主体获取使用权后融资开发	矿山土地使用权进行再利用	原国土资源部《关于深入推进城镇低效用地再开发的指导意见（试行）》（国土资发〔2016〕147号）鼓励原土地使用权人改造开发
矿山修复+尾矿库综合开发利用	尾矿修复治理和资源利用	政府动态补偿机制+社会资本投资+尾矿库开发收益补偿	回收残留资源，用其收益进行治理	河北省《关于改革和完善矿产资源管理制度加强矿山环境综合治理的意见》（冀字〔2018〕3号）提出回收残留资源收益进行治理

续表

治理模式	修复内容	投融资方式	治理目标	案例应用
矿山修复+产业导入	修复生态环境，产业发展	政府动态补偿机制+社会资本投资+产业收益	矿山遗迹开发；自然景观开发；矿山休闲开发；矿业博物馆等	2018 年，黄石国家矿山公园引入社会资本，采取“租赁+合作”方式投资开发运营

8.4.2　矿山或有环境负债治理 PPP 项目利益回报机制

利益回报机制指的是 PPP 项目投资回报方式，有直接使用者/消费者付费、政府可行性缺口补助、政府财政付费三种方式，需根据项目自身经营属性来决定。直接使用者/消费者付费是由消费者付费购买项目产品和服务；政府可行性缺口补助是由政府以财政补助、股本投入、优惠贷款、优惠政策等组合形式弥补直接收益不足部分；政府财政付费则是由政府兜底，采用可用性付费、使用量付费和绩效付费方式购买项目产品和服务。

针对矿山或有环境负债治理 PPP 项目，由于废弃地复垦和修复没有明确的使用者付费，因此项目回报机制设计更多倾向于政府可行性缺口补助和政府财政付费两种方式。矿山或有环境负债治理 PPP 项目包括山体绿化、土壤处理、水污染治理，以及相匹配的矿山生态环境建设等方面，目前政府财政付费是社会资本、运营商主要的收入方式。

在资源补偿方式下的 PPP 项目运作中，矿山或有环境负债治理 PPP 项目的回报部分来源于修复后土地资本出让收益、周边生态环境优化土地升值收益，为此需要在项目准备阶段合理估算收支情况，确保投资人实现合理回报。具体利益回报机制如图 8-7 所示。

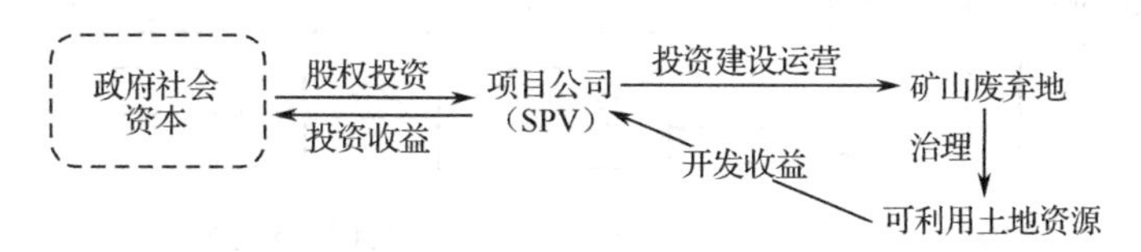

图 8-7　矿山或有环境负债治理 PPP 项目利益回报机制示意图

以政府运营补贴作为矿山或有环境负债 PPP 项目运作收益回报，在一定程度上也能保证社会资本的利益。矿山或有环境负债治理 PPP 项目收支估算具体案例如表 8-4 所示。但在此方式下，政府财政压力大，地方政府年均运营补贴达到 35141.45 万元，特许经营期为 10 年，地方政府的财政支出总额将达到 35.14145 亿元，很容易出现财政赤字，支付困难会导致政府违约，引发契约危机，因此不具有可持续性。

表 8-4 政府运营补贴方式下的某矿山或有环境负债治理 PPP 项目收支估算

项 目	内 容
项目概况	国内某大型矿山或有环境负债治理 PPP 项目，投资 21.1373 亿元，总治理面积约 3.43 万亩，运营模式为 BOOT 一体化政府购买服务，特许经营期 10 年
投入成本	21137.3 万元/年
项目投融资	本项目 80%为金融机构贷款，执行利率为央行 4.90%基准利率，利息 828.58 万元/年
运行成本	包括设备、原材料、人工成本，支出 1241.84 万元/年；纳税成本 3059.95 万元/年
项目收入	政府运营补贴 35141.45 万元/年
项目盈利	35141.45-21137.31-828.58-1241.84-3059.95=8873.77 万元

数据来源：谷瀑环保

通过表 8-4 的分析，矿山废弃地通过土地复垦确实可以带来收益，由于土地稀缺同时产权明晰，因此具备资产特征，进入矿山废弃地交易市场可以成为资产。但该方式目前在实践应用中还存在路径不清晰、机制不明确的问题。因此，本研究尝试从项目的资源路径、资金路径和社会资本退出路径三个方面设计矿山或有环境负债治理 PPP 项目的利益回报机制（见图 8-8），希望更好地探索社会资本投资矿山或有环境负债治理 PPP 项目在资源收益、投资收益和投资安全退出保证方面的路径和方法。

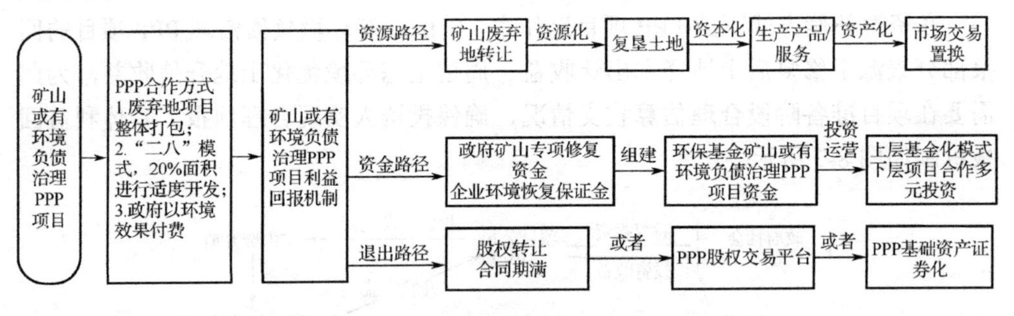

图 8-8 矿山或有环境负债治理 PPP 项目利益回报机制

从图 8-8 可以看出，在矿山或有环境负债治理 PPP 模式中，政府与社会资本采用废弃地项目整体打包、允许社会资本对 20%的土地进行适度开发、政府依据环境效果进行付费的合作方式。在此基础上，PPP 项目的利益回报机制是从以下三个方面设计的：资源路径、资金路径及社会资本投资安全退出路径。

第一，资源路径，资源收益保证。2013 年出台的《土地复垦条例实施办法》规定，复垦后的废弃地可以通过市场进行转让。因此，政府将矿山废弃地的土地所有权、资源废料开采权进行转让，社会资本通过复垦使废弃地转变为可利用的土地资源。由于土地的稀缺性且治理方复垦土地产权可以进行市场置换，因此可以实现废弃地资源转化为资产/资本。然后在界定复垦土地所有权的基础上，对废弃地的环境现状和区位条件进行分析，从而对矿山废弃地进行产业定位和产业规划。为了将矿山废弃地转化为可开发资源，提升废弃地的土地价值、优化区位条件，继续进行产业规划和商业运营，使其进一步转化为生态资本，可结合矿山废弃地的转化能力（如改造为旅游区、农业果业园、遗迹公园、地质科普园、国家安全应急救援综合训练基地）进行政府和社会资本的开发型治理。通过国家的土地政策、用地支持的鼓励政策，最终实现社会资本的投资收益。

第二，资金路径，投资收益保证。矿山或有环境负债治理投资额巨大，需要财政资金进行引导。政府一方面对矿山或有环境负债治理进行财政贴息、补助、激励、税收减免等政策投入，另一方面将矿山修复专项资金、企业环境恢复保障金组建成环保种子基金，再和社会资本投资的矿山或有环境负债治理 PPP 项目对接，形成上层基金化模式、下层项目合作模式的多元化投资模式，从而实现专门的基金运作。在保证 PPP 项目基金支持的基础上，也可以进行 20%左右的商业投资，实现资金获利。

第三，退出路径，投资安全退出保证。目前我国 PPP 模式还处于推进完善阶段，社会资本对政府信用和契约精神还持观望态度，为保证社会资本的投资资金能有安全退出渠道，政府可以通过建立生态产品 PPP 股权交易平台、生态产品 PPP 基础资产证券化等市场金融交易手段来加强社会对矿山废弃地复垦产品和服务的市场置换采购。这样可以保证社会资本投资在市场上顺利退出，从而较少受限于政府的政策和信用约束。REITs 作为一种股权型的资产证券化模式，有助于 PPP 项目中的社会资本以资本市场方式退出。完成正式运营后，社会资本可以通过股权转让的形式将 PPP 项目转让给 REITs 实现退出。PPP 项目社会资本退出机制引入创新型 REITs 有利于构建多元化的股权交易和退出机制，有利于 PPP 项目二级市场的发展，从而吸引了更好的社会资本参与 PPP 项目并提高项目价值。

8.4.3　矿山或有环境负债治理 PPP 项目激励机制

由于 PPP 项目周期长，且政府方和社会资本方职责分配不同，因此存在信息不对称现象。在执行的过程中会存在利益驱动导致机会主义行为产生的现象，从而影响 PPP 项目的效率。基于第 6 章对政府和社会资本两方演化仿真分析，以及政府、社会资本和公众三方演化仿真分析可知，在矿山或有环境负债治理 PPP 项目的生命周期中，都会存在博弈和机会主义行为。适当的激励机制可以限制 PPP 项目中社会资本的机会主义行为，减少 PPP 项目的交易成本，提高矿山或有环境负债治理 PPP 项目的生态和社会服务质量。政府作为矿山或有环境负债治理 PPP 项目的道义主体和最后兜底方，无法转嫁治理义务。因此，本研究主要从社会资本视角探讨项目激励机制，从财政政策、税收政策、治理收益设计、精神激励和社会荣誉激励等方面进行综合设计，具体内容如表 8-5 所示。

表 8-5 矿山或有环境负债治理 PPP 项目激励机制

激励方式	激励内容	激励效果
财政政策	投资融资福利、专项资金财政补贴； 各类激励政策：技术设备补贴政策、贷款贴息政策、预算产业补贴等	社会资本融资收益，降低生产成本，提高融资效益
税收政策	税收减免政策：免交国有土地使用费、税收抵扣政策、加速折旧政策	社会资本间接经济收益，缓解购置资产导致的资金短缺压力
治理收益设计	1. 土地收益：获得土地使用权、治理费用抵扣土地出让金； 2. 资源收益：免交矿产资源补偿费、开发余留资源； 3. 开发收益：旅游资源开发收益、产业开发收益	PPP 项目直接利益回报，利益设计越具体，越有激励作用，对社会资本是直接驱动
精神激励和社会荣誉激励	1. 舆论激励：对社会资本进行社会舆论宣传等，提高其美誉度及知名度； 2. 政府表彰：对社会资本进行表彰、鼓励，建立经典项目示范库、PPP 红榜，提升信用等级，给予社会资本冠名权、后期优先合作机会等； 3. 社会激励：将治理工作融入民生保障政策中，提升项目的政治地位	这是荣誉和美誉度方面的激励，是一种精神激励，对提升社会资本的信用、口碑和长期发展具有导向作用

8.4.4 矿山或有环境负债治理 PPP 项目风险承担体系

目前，学术界对 PPP 模式的研究也随着实践的发展不断深入，研究方向更多聚焦在其内涵、定义、优越性、可行性等多个方面。但是在近年实践的过程中，许多 PPP 项目出现问题甚至部分项目落地失败，这一现象引发学者对其失败原因的探索和关于其风险问题的深究。PPP 项目因其投资体量大、资金回收周期长、项目涉及相关者众多，风险较一般项目覆盖面积更广，资金链断裂、项目成本超支或不足、设计规划失误、政府违约等都是可能致使项目失败的因素。另外，因为 PPP 项目的特殊性，该模式的风险还存在阶段性、复杂性等特征。

基于袁明霞[181]在讨论城市轨道交通 PPP 项目时，从社会角度、经济层面、政治政策因素、生态环境要求、治理技术层面、市场运作六个维度进行的风险分析，本研究结合矿山或有环境负债治理 PPP 模式兼具生态、技术和项目的多重特点，从社会、经济、技术、市场、生态、政治六大维度分析矿山或有环境负债治理 PPP

模式风险类型，具体如表 8-6 所示。

表 8-6　矿山或有环境负债治理 PPP 模式风险类型

风 险 类 别	内 容 分 析	具 体 类 型
社会风险	矿山废弃地通常地质复杂，安全性风险是治理项目考虑的重要因素；公众是矿山或有环境负债治理 PPP 项目最直接的受益者和感知者，Xiong 等（2015）指出“公众满意度”是影响环境治理项目的重要指标；修复完成后的景观进入运营阶段，其发展也会受到附近交通工具等公共配套设施的影响	安全性风险 公众满意度风险 公共配套设施不足风险
经济风险	矿山废弃地污染原因复杂，治理投资费用高昂，同时，治理无法在短期内出现良好效果，不确定性因素多。因此，在 PPP 项目建设过程中，更容易因为资金投入不足、社会资本提前退出导致特许经营权变化、市场投融资利率变化等情况出现，引发项目风险等；另外，由于 PPP 项目资金需求体量大，进入和退出壁垒相较一般项目高	期限风险 利率风险 进出壁垒风险
技术风险	矿山废弃地的生态修复对专业技术水平要求很高，尤其是在土壤修复、废水处理等方面，技术瓶颈风险有可能引发项目成本超支、质量不达标风险；此外，PPP 项目初期规划设计不合理也有可能导致项目失败	技术瓶颈风险 质量不达标风险 规划设计风险
市场风险	矿山或有环境负债治理 PPP 项目自身生态特点，导致大多数社会资本持有观望态度，以致社会资本竞争者缺少，遭遇冷门。修复完成后的景观进入运营阶段，矿山或有环境负债项目的公益性特点、公众享有环境的生态要求与社会资本盈利驱动存在冲突，具体表现为 PPP 项目价格管制风险	项目流标风险 价格管制风险
生态风险	矿山或有环境负债治理 PPP 项目存在治理难度，项目的失败可能会造成二次破坏、二次污染等	二次损害风险
政治风险	政府在 PPP 项目中处于优势地位，社会资本为了切实维护自身合法权益，应以法律形式充分明确自身经营地位，避免出现政府违约风险；矿山或有环境负债治理涉及土地等问题，政府部门之间权责不清晰会使项目整体风险加大。在政治风险维度下，要重点关注经营权浮动风险、土地转让风险及行政权分散风险等	政府违约风险 经营权浮动风险 土地转让风险 行政权分散风险

基于上表的分析，矿山或有环境负债治理 PPP 项目需要从以下几方面来防范风险。

首先，我国现有土地出让政策方面的风险。由于土地国有，私人或者集体获取土地资源需要通过特定方式使土地使用权合法化。因此，针对矿山或有环境负债治理，主要存在社会资本获取土地转让并进行经营的政策不稳风险。由于矿山或有环境负债治理 PPP 项目主要是以公私双方项目契约方式实现的，当文本协议与国家法规出现冲突时，协议的法律效力将会弱于政府土地相关法规，因此将会直接关系到投资者未来收入与经营权限、土地转让权等。根据2015年印发的《历史遗留工矿废弃地复垦利用试点管理办法》是国家专项用于控制建新占地规模、安排复垦面积的依据。2016年《关于深入推进城镇低效用地再开发的指导意见（试行）》等文件规定，生态修复改良土地如果进行新的改造开发，涉及变更原土地用途，社会资本需要依照法规进行规划修改相关审批。因此，社会资本要注意我国法律对土地使用的规定，充分了解相应法律，防止出现项目执行过程中的法律和用地风险。2020年4月，《中共中央国务院关于构建更加完善的要素市场化配置体制机制的意见》的实施，对矿山废弃地土地复垦具有重大意义。实行废弃地土地复垦转化为建设用地、耕地，可采用占补平衡甚至是异地市场交换的方式，这样可以同时满足城市建设用地指标和矿区发展资金两方面的需求。但需要注意，目前该政策还只是在部分省进行先行试验，因此，打通矿山废弃地从引入社会资本治理——土地资源可利用——建设用地异地交换——实现治理收益、获得地区发展资金全通道还有很多细节需要落实。

其次，充分重视公众意愿。公众作为矿山废弃地直接受害者和矿山废弃地生态修复的直接受益者，其满意度直接影响项目的绩效评估。在项目实施过程中，通过完善公众监督及投诉渠道，积极回应公众意见，加快问题解决效率。

第三，操作合规、减少融资风险。矿山或有环境负债治理PPP项目在目前我国的生态文明建设背景下具有很强的政策性融资优势，国家开发银行等金融机构出台了专门针对土壤修复领域的优惠利率政策，这对社会资本方是利好。但困难在于，金融机构贷款审批对矿山或有环境负债治理PPP项目的合规性要求极高。因此，建议政府和社会资本在项目实操过程中，尽早与金融机构进行对接，将项目交易结构、回报机制等核心要点，如财政支出责任不超过5%，使用者付费比例低于10%等规定条款提前与意向金融机构风控部门沟通，保证项目的可融资性。

第四，攻克技术难关，提高治理质量。技术风险也是影响项目的核心因素。矿山或有环境负债治理PPP项目在技术的选择上应综合考虑实际情况、经济情况，因地制宜，选择恰当的技术提高生态治理质量。

8.5 多维度完善国家矿山或有环境负债治理配套能力建设

PPP模式在全球广泛应用于公共管理的各个领域，其中有很多成功的案例。纵观PPP模式在不同国家推广应用的实践可以发现，相对完善的法规、政策和专门机构是有效推行PPP模式的保证[182]。代表性国家应用PPP模式在法规、政策和专门机构等方面的基本情况如表8-7所示。推动PPP领域立法，从法规、制度、专业人才等多维度完善国家矿山或有环境负债治理配套能力建设，成为调动社会资本参与 PPP 项目积极性的关键所在。

表 8-7　代表性国家应用 PPP 模式的基本情况

国　家	基本情况			
	法规、政策	财政预算、专门融资机构	评价监管	专门 PPP 工作机构
英国	英国财政部对 PPP 或 PFI 模式专门立法	基础设施局融资机构 TIFU	确立完善的《资金价值评估指南》《定量评价用户指南》评价制度	基础设施局总负责 PPP 项目
加拿大	加拿大 CCOPS 负责政策制定	加拿大 P3 基金、资本应急基金	全过程政府监管，专业监管人员、监管机制和团队	加拿大 PPP 中心
澳大利亚	澳大利亚《国家 PPP 政策框架》	澳新银行 ANZ Bank，债券融资	资源管理服务中心	澳大利亚基础设施 IAU 地方基础设施建设厅
菲律宾	政府专门发布 6957 号、7718 号国家法令制定权威法规	亚行支持设立“项目开发和监测基金”、适应性补偿基金	专门监管执行机构	菲律宾公私合作中心（PPPC）

根据国际经验，矿山或有环境负债治理 PPP 模式若要解决融资难和高风险等问题需要做到以下几点。第一，必须先健全 PPP 模式相关的法规、政策，建构完整的操作指南、合同指南、PPP 标准体系等架构和细则，否则很难保证 PPP 项目的各利益相关者，尤其是公众利益不受损害。第二，建设专门的 PPP 监督管理机构且保证 PPP 监督管理机构的独立性。财政部已成立政府和社会资本合作中心，各级地方政府也需要建立完备省级 PPP 中心，对项目的全生命周期进行管控，为提升政府的契约精神，还需要尽快健全政府信用机制，设置中央对地方信用的监控和兜底。第三，中央已划拨专项资金成立环保种子基金，还需要吸引金融机构、信托投资机构为 PPP 环保产业基金融资，扩充融资渠道和规模。与此同时，还需要推动绿色证券、绿色信贷、PPP 产权交易平台等市场工具，从制度上和平台上克服中低利润环保项目的融资困境。第四，矿山或有环境负债治理 PPP 项目投资大、周期长、风险高，涉及财务、技术、运营管理、法律等多学科，在招投标、谈判、融资过程中需要强大的操作能力，各级政府、投融资服务中介对 PPP 模式研究还不够，人才培养和充实方面的需求非常迫切。

8.6 协同公众力量，利用“互联网+”实现矿山智慧治理

公众参与环境治理是西方发达国家一项重要的环境法律原则，建立公开透明的生态反馈网络可以保证公众参与环境评价和治理程序[183]。公众参与环境保护的程度直接体现一个国家环境意识、生态文明的发育程度。公众参与环境影响评价活动是公众参与环境保护的重要组成部分。矿山或有环境负债治理应借鉴西方国家的公众参与方式，加强政府决策者、环境技术专家、企业治理方、公众、环保 NGO 的商谈和对话，这样有助于推进环境决策的民主化与科学化，广泛凝聚社会各界的智慧，为构建环境友好型社会提供坚实的群众基础。同时，提升环境治理公众的参与和接纳度可以减少治理利益冲突和社会成本[184]。协调政府、企业、公众的环境权益，最大限度地发挥矿山或有环境负债治理 PPP 项目的综合效益和长远效益。

互联网技术迅猛发展为环境信息化提供了机会，矿山或有环境负债治理也应进入智慧时代。利用大数据和“互联网+”等技术，开发矿山或有环境负债治理 PPP 项目数据平台，建立集定位、预警、项目跟踪、监控和分析于一体的环保治理模式。对政府而言，提前预测环境污染风险和污染源将更加有针对性地帮助政府精准治污，而大数据技术则成为环境监管的“无形之手”。环境治理数据可以为 PPP 项目开展提供决策支持，也有助于提升政府在环境治理谈判、项目决策、环境效果付费方面的评判能力。对社会资本而言，可视化操作可以大大提高矿山或有环境负债治理的效率，提升资本的运营和获利能力。对社会组织和公众而言，公开透明的数据平台为公众参与治理提供便利，也可以提升公众的影响力。

8.7 本章小结

基于前文概述、可行性分析和核心利益相关者的演化博弈仿真分析，针对将 PPP 模式应用到矿山或有环境负债治理项目，从总体框架设计、合理选择矿山或有环境负债 PPP 模式、PPP 项目适格的合作伙伴选择、PPP 项目合作机制设计、环境治理配套能力建设、协同公众力量利用“互联网+”实现矿山的智慧治理 6 个方面提出建议。

在总体框架设计方面，研究提出矿山或有环境负债治理 PPP 模式机制创新需要由社会和政府“推力”、政府和市场“引力”共同作用，从资源路径、资金路径及社会资本投资安全退出路径 3 个方面进行具体设计，同时政府还需要在市场运作方面加强对 PPP 模式的推动。

在矿山或有环境负债治理 PPP 模式选择方面，先分析矿山或有环境负债治理 PPP 项目可应用模式，具体对 O&M 和 BOT 两种模式进行比较，分析模式存在的不足，最后基于矿山或有环境负债治理项目本身特点、政府能力和社会资本能力等关键影响因素进行 PPP 模式的选择和设计，提出矿山或有环境负债治理 PPP 模式，即采用由企业、社会资本部分或全部投资付费的 FDBT/FDBOT 模式；提出了采用区域环保整体项目包的合作方式，设计了矿山或有环境负债治理 PPP 项目的利润回报机制，重点从资源补偿角度设计了社会资本在治理中合理的利润回报机制。

在 PPP 项目适格的合作伙伴选择方面，社会资本的适格性是 PPP 项目合理匹配、成功推进的一个关键点。对于矿山或有环境负债治理 PPP 项目合作伙伴，研究主要从经济能力、技术能力、管理能力、经验表现、社会声誉、其他指标 6 个维度构建选择合作伙伴的指标体系。建议政府将多种评价方式相结合，确定各指标在社会资本选择中的权重，从而对社会资本综合能力进行评估和排序，选择适格的合作伙伴。

在 PPP 项目合作机制设计方面，主要从矿山或有环境负债治理 PPP 项目投融资结构、项目利益回报机制、激励机制、风险承担体系等方面给出建议。投融资结构分析了项目投融资资金来源渠道，构建了整体投融资结构，并对矿山或有环境负债治理 PPP 模式投融资方式进行了具体设计。在项目利益回报机制方面，分析使用者付费、政府可行性缺口补助和政府付费三种方式的应用可能性，结合矿山或有环境负债治理 PPP 项目的特点，从资源路径、资金路径和投资安全退出的路径对利益回报机制进行设计。在项目激励机制方面，主要从社会资本视角探讨激励机制，从财政政策、税收政策、治理收益设计、精神激励和社会荣誉激励几方面进行综合设计。在风险承担体系方面，研究结合矿山或有环境负债治理 PPP 模式兼具生态、技术和项目的多重特点这一特性，从社会、经济、政治、生态、技术、市场六大维度分析矿山或有环境负债治理 PPP 模式风险类型，并提出具体建议。

同时，为规避矿山或有环境负债治理 PPP 模式中的风险和问题，研究提出政府需要从法规、制度、专业人才等多向度完善国家矿山或有环境负债治理配套能力建设，充分调动公众和社会力量，利用环境信息化和大数据平台实现矿山废弃地的智慧治理。

第 9 章　研究结论与展望

在国际和国内经济结构调整的双重背景下，我国经济从增长速度、经济结构、要素驱动等方面进行发展方式全面转变。在“创新、协调、绿色、开放、共享”的新理念下，为解决我国“资源环境约束”的严重态势，资源集约、环境友好的绿色矿业发展是必然之路，矿区生态环境修复成为重要战略。针对矿山或有环境负债问题，本研究探索将 PPP 模式引入矿山或有环境负债的治理过程。

9.1　研究结论

第一，研究提出“理论-机制-方法”的逻辑分析框架，界定“或有环境负债”为在环境损害和生态破坏方面没有责任主体或责任主体不明确，最终需由政府兜底的隐性债务或发生的未来成本。并对新常态、PPP 模式、利益相关者等概念进行分析。

第二，采用文献整理、比较的方法梳理矿山废弃地特点，梳理国家矿山生态修复相关文献。矿山生态修复经历了以开发为主、土地复垦、地质灾害治理、地质环境责任认定、多元化治理等阶段。研究提炼出矿山废弃地治理的价值路径，提出矿山废弃地具有三重属性——环境负债、土地资源、资产或者资本，从而为矿山或有环境负债治理收益提供依据。

第三，采用 SWOT 方法分析矿山或有环境负债治理应用 PPP 模式的可行性。基于我国生态环保 PPP 模式发展现状、应用规模、运作模式、运行特点，总结生态环保 PPP 项目应用经验和存在问题。提出矿山或有环境负债治理 PPP 模式存在应用的可行性。研究提出，矿山或有环境负债治理 PPP 模式具有减缓政府融资压力、促进环保企业的生存和发展、优化管理效率、提升矿山环境治理成效等优势（Strength）；矿山或有环境负债治理 PPP 项目还具有利益回报不明确的劣势（Weakness）；政府在矿山治理政策方面持续发力、环保治理市场各方齐发力为 PPP 模式的应用提供机会（Opportunity）；PPP 模式还面临相关法规制度与经济需求不匹配、政府在合作过程中的契约精神较为欠缺、PPP 项目操作过程复杂、PPP 专业人才不够等威胁（Threats）。

第四，采用定性研究和定量研究相结合的方法，建构了“矿山或有环境负债利益相关者认知-PPP 项目建构-演化规律”的研究内容体系。研究把矿山或有环境负债治理 PPP 项目中的相关者分为核心利益相关者（政府、社会资本、公众）、重要利益相关者（金融机构）、一般利益相关者（环境修复运营商、环境治理设备和能源供应商、保险公司等）和边缘利益相关者（学者、科技人员、人类后代、管理咨询公司、纳税人、媒体等）。重点分析核心利益相关者的利益诉求和职责行为，探讨相关者间的演化博弈行为和利益均衡情况。构建了矿山或有环境负债治理 PPP 模式博弈框架，围绕政府、社会资本和公众三个核心利益相关者，从项目决策、项目建设、项目运营和维护三个阶段，从定性视角剖析核心利益相关者的博弈行为。采用演化博弈、系统仿真方法，对两方主体（政府和社会资本）、三方主体（政府、社会资本、公众）进行演化仿真分析，描述了矿山或有环境负债治理 PPP 模式“三主体、两方式、五关键点”的演化规律。得出结论为，公众参与监督是保证矿山或有环境负债治理 PPP 项目得到有效监管的条件，对政府选择积极监管、社会资本选择积极合作有一定影响。过高的监管成本会降低政府监管的积极性，使政府疲于监管最终趋于不监管，从而刺激社会资本投机意识的产生，危害公众利益。公众举报机会主义行为不影响政府的策略选择，只影响政府收敛于积极监管的时间。公众积极性的提高，以及外部监督的强化，可以提高社会资本积极合作的意愿。公众举报机会主义行为直接收益的增加对提高公众和社会资本积极性、主动性有重要作用。公众举报成本的提高会削弱公众参与的积极性，外部监督松懈导致政府收敛于积极监管速度变慢，内部逐渐放松监管。最终结果是社会资本趋于机会主义行为，损害公众利益。

第五，采用案例研究方法，完成赣南稀土废弃矿山应用 PPP 模式的研究。研究采用生态环境成本核算方法对定南县废弃稀土矿山后期管护治理项目进行了修复成本核算，计算出总治理成本为 3237915.9025 元。通过价值评价法、影子工程法估算定南县废弃稀土矿山后期管护治理项目经济效益为单位面积经济价值 15.38 万元/km^2。采用条件价值评估法，通过问卷调查，构建假想市场询问公众的支付意愿（WTP）或补偿意愿（WTA），确定非市场物品价值，估算出定南县废弃稀土矿山后期管护治理项目单位面积社会价值为 9.5438 万元/km^2。研究还将代际效应作为治理收益进行系统考虑，然后将 PPP 模式引入定南县废弃稀土矿山后期管护治理项目进行实际应用，从模式选择、项目交易结构、社会资本选择、风险分配等方面进行了具体设计。

第六，矿山或有环境负债治理 PPP 模式应用建议。研究对将 PPP 模式应用于矿山或有环境负债治理项目，进行了总体框架设计，提出四力模型——由社会和政府“推力”、政府和市场“引力”共同作用。提出矿山或有环境负债治理可采用由社会资本部分或全部投资付费的 FDBT/FDBOT 模式，政府以环境效果付费，从资源补偿角度设计项目路径。建议政府将多种评价方式相结合选择 PPP 项目适格的合作伙伴；从 PPP 项目投融资结构、项目利益回报机制、激励机制、风险承担体系等方面对矿山或有环境负债治理 PPP 项目合作机制进行设计；还提出从法规、制度、专业人才等多维度完善矿山或有环境负债治理配套能力建设，协同公众力量实现矿山废弃地的智慧治理。

9.2 研究不足与展望

（1）多学科交叉聚焦力效果不明显。本研究要求开展环境经济学、矿业经济学、管理学等跨学科研究，虽然本课题组属于人文社科重点研究基地平台，培养学科领域 2 位博士、12 位硕士，打造了矿业管理学学科优势，但是团队与自然科学的矿业工程、环境领域的生态学科之间还存在融合与支撑问题，影响课题深度研究。

（2）样本数据收集与处理难点。课题组在搜集全国矿山生态环境破坏等相关数据时，通过环保生态网站、统计年鉴、环境资源部门、矿业企业能够获取的数据较少，不够全面，导致课题研究获取矿山或有环境负债数据受到影响。

（3）尚需深入研究的问题。矿山或有环境负债的认定和核算涉及大气、水、土壤的生态环境破坏成本核算，是影响 PPP 模式应用的关键问题，直接影响 PPP 项目治理费用、风险分担、利益回报机制设计。课题研究还只停留在初步应用阶段，尚需后续跟进研究。

参 考 文 献

[1] 樊纲. 论“国家综合负债”——兼论如何处理银行不良资产[J]. 经济研究，1999(5)：11-17.

[2] 阳志勇. 政府或有负债和金融风险[J]. 预测，1999(4)：29-31.

[3] 贾璐. 我国地方政府或有负债会计问题分析[J]. 会计之友，2012(9)：23-25.

[4] 周亚荣，王淑兰. 政府或有负债准则的国际比较[J]. 财务与会计，2017：68.

[5] 王燕祥. 环境负债述要[J]. 北方工业大学学报，2000-12-20(04).

[6] 肖序. 环境会计理论与实务研究[M]. 2007.

[7] 陈红，祖笠，黄艳玲，王稳华. 我国政府环境负债信息披露研究[J]. 财会月刊，2017(16)：3-9.

[8] 周志方，肖序. 基于环境风险评估技术的企业环境负债确认、预防与控制研究[J]. 环境污染与防治，2011(3)：107-110.

[9] 陈玉萍. 对环境负债会计处理的探讨——基于或有事项准则处理方法[J]. 对外经贸(9)：148-150.

[10] 陈邯. 或有环境负债的确认与计量[J]. 中外企业家，2014(27)：252-252.

[11] 陈晗，李文骥，李春友. 采矿企业环保责任及环境负债的披露[J]. 金融经济，2017(14)：47-50.

[12] 刘洁亮，忻琦查，林蓉. 环境会计要素确认与计量探索[J]. 中国管理信息化，2010(11)：16-18.

[13] 陈邯. 浅析环境成本的确认与计算[J]. 福建建材，2006(5)：102-104.

[14] 王竹君. 政府部门计提或有环境负债的必要性及其会计处理[J]. 财会研究，2008(13)：41-42,48.

[15] 郭文卿. PPP 模式概要解析[J]. 经济论坛，2014(10)：88-91.

[16] GARVIN, MICHAEL J. Enabling Development of the Transportation Public-Private Partnership Market in the United States[J]. Journal of Construction Engineering and Management, 2010, 136(4)：402-411.

[17] KLIJN E H, TEISMAN G R. Institutional and Strategic Barriers to Publicâ ” Private Partnership: An Analysis of Dutch Cases[J]. Public Money & Management, 2003, 23(3)：137-146.

[18] PONGSIRI N. Regulation and Public-Private Partnerships[J]. International Journal of Public Sector Management，2001，15(6)：487-495.

[19] 杨卫华，王秀山，张凤海. 公共项目PPP模式选择路径研究——基于交易合作三维框架[J]. 华东经济管理，2014，28(2)：121-126.

[20] 徐霞，郑志林，周松. PPP模式下的政府监管体制研究[J]. 建筑经济，2009(7)：107-110.

[21] 刘志. PPP模式在公共服务领域中的应用和分析[J]. 建筑经济，2005(7)：13-18.

[22] 王守清，柯永建. 特许经营项目融资（BOT、PFI和PPP）[M]. 北京：清华大学出版社，2008.

[23] 中国财政学会公私合作（PPP）研究专业委员会研究组，贾康，孙洁. 公私合作伙伴机制：城镇化投融资的模式创新[J]. 经济研究参考，2014(13)：18-29.

[24] 陈志敏，张明，司丹. 中国的PPP实践：发展、模式、困境与出路[J]. 国际经济评论，2015(4)：68-84.

[25] 韩侣. 论PPP模式的起源、价值及趋势[J]. 实事求是，2016(5)：21-26.

[26] 刘薇. PPP模式理论阐释及其现实例证[J]. 改革，2015(1)：78-89.

[27] 姚东旻，李军林. 条件满足下的效率差异：PPP模式与传统模式比较[J]. 改革，2015(2)：34-42.

[28] 唐祥来，刘晓慧. 供给侧改革下中国PPP模式供给效率的DEA检验[J]. 南京财经大学学报，2016(4)：20-27.

[29] RUTGERS J A, HALEY H D. Project risks and risk allocation[J]. Cost Engineering, 1996，38(9)：27-30.

[30] 马强. 项目的风险及风险转移[J]. 建筑，2002(1)：44-45.

[31] 有维宝，王建波，刘芳梦，张帅，彭龙镖. 基于GRA-TOPSIS的城市轨道交通PPP项目风险分担[J]. 土木工程与管理学报，2018，35(3)：15-21，27.

[32] 罗春晖. 基础设施私营投资项目中的风险分担研究[J]. 现代管理科学，2001(2)：28-29.

[33] 刘新平，王守清. 试论PPP项目的风险分配原则和框架[J]. 建筑经济，2006(2)：59-63.

[34] 张水波，何伯森. 工程项目合同双方风险分担问题的探讨[J]. 天津大学学报（社会科学版），2003，5(3)：257-261.

[35] ROBERT O K, CHAN A P C. Comparative Analysis of the Success Criteria for Public-private Partnership Projects in Chana and Hong Kong [J].Project Management Journal, 2017，3(1)：1-14.

[36] CHOU J S, PRAMUDAWARHANI D. Cross-country Comparison of Key Drivers, Critical Success Factors and Risk Allocation for Public-private Partnership Projects[J]. International Journal of Project Management, 2015, 33(5): 1136-1150.

[37] 亓霞，柯永建，王守清. 基于案例的中国 PPP 项目的主要风险因素分析[J]. 中国软科学，2009(5)：112-118.

[38] 王秀芹，梁学光，毛伟才. 公私伙伴关系 PPP 模式成功的关键因素分析[J]. 国际经济合作，2007(12)：61-64.

[39] 张红平，叶苏东. 基于 AHP-DEMATEL 的 PPP 项目关键成功因素相互关系研究[J]. 科技管理研究，2016(22)：203-207.

[40] 李艳丽. 国外体育场馆 PPP 模式应用经验及启示[J]. 体育文化导刊，2019, 202(4)：109-114.

[41] 张晓敏，陈通. 公共文化设施 PPP 建设运营模式研究[J]. 管理现代化，2015, 35(1)：118-120.

[42] 杨松. 文化 PPP 的应用范围、模式选择及特许权协议[J]. 图书馆论坛，2019, 39(5)：28-32.

[43] 黄可权. 在新型农业经营发展体系中推广应用 PPP 的基本构想[J]. 知与行，2018.

[44] 何平均，刘思璐. 农业基础设施 PPP 投资：主体动机、行为响应与利益协调——基于利益相关者理论[J]. 农村经济，2018, 423(1)：82-87.

[45] 阮晓东. PPP 模式让现代农业迎来机遇期[J]. 新经济导刊，2018(11)：71-75.

[46] 王亚琪. 探究 PPP 模式在乡村振兴中的运用和发展[J]. 当代经济，2018, 480(12)：32-33.

[47] 周雪峰.保障性住房 PPP 融资模式研究——以河南为例[J]. 建筑经济，2015(1)：91-94.

[48] 刘广平，田祎萌，陈立文. 保障性住房 PPP 模式下社会资本投资决策研究[J]. 管理现代化（4 期）：20-23.

[49] 郝生跃，卢玉洁，任旭. “十三五”时期保障性住房建设可持续模式研究[J]. 经济纵横，2017(1)：52-57.

[50] 高萍，郑植. PPP 项目税收政策研究——基于 PPP 模式全生命周期税收影响的分析[J]. 中央财经大学学报，376(12)：16-26.

[51] 张春平. BOT 模式下 PPP 项目涉税问题探讨[J]. 税务研究，2018, 399(4)：33-38.

[52] FREEMAN R E. Strategic management: A stakeholder approach[M]. Boston, MA: Pitman, 1984.

[53] CLARKSON. A Guide to the Project Management Body of Knowledge[M]. Newtown. Square, PA: PMI, 2000.

[54] MITCHELL R K , WOOD A D J . Toward a theory of stakeholder identification and salience: Defining the principle of who and what really counts. The Academy of Management Review, 22(4), 853-886.

[55] 崔也光，周畅，王肇. 地区污染治理投资与企业环境成本[J]. 财政研究，2019(3)：115-129.
[56] 唐任伍，李澄. 元治理视阈下中国环境治理的策略选择[J]. 中国人口. 资源与环境，2014(2)：20-24.
[57] 俞海山. 从参与治理到合作治理：我国环境治理模式的转型[J]. 江汉论坛，2017(4)：58-62.
[58] 王萍. 基于环境大数据的“环境治理共同体”构建新理路[J]. 江汉大学学报（社会科学版），2019，36(4)：36-43，126-127.
[59] 杜辉. 论制度逻辑框架下环境治理模式之转换[J]. 法商研究，2013，30(1)：69-76.
[60] 汪红梅. 基于主体视角的陕西省农村环境治理模式分析[J]. 江苏农业科学，2019，47(11)：46-49.
[61] 余敏江. 中国特色城市环境治理的道路特质[J]. 探索，2019(1)：59-69.
[62] 张锋. 环境治理：理论变迁、制度比较与发展趋势[J]. 中共中央党校学报，2018，22(6)：101-108.
[63] 郝就笑，孙瑜晨. 走向智慧型治理：环境治理模式的变迁研究[J]. 南京工业大学学报（社会科学版），2019，18(5)：67-78，112.
[64] 李云新，韩伊静. 国外智慧治理研究述评[J]. 电子政务，2017(7)：57-66.
[65] SOUMAYA B L. How to strategize smart cities: Revealing the SMART model[J]. Journal of Business Research, 2015, 68(7).
[66] YIGITCANLAR T, VELIBEYOGLU K, MARTINEZ-FERNANDEZ C. Rising knowledge cities: the role of urban knowledge precincts[J]. Journal of Knowledge Management, 2008, 12(5).
[67] 郭少青. 大数据时代的“环境智理”[J]. 电子政务，2017(10)：46-53.
[68] 毕军. 环境治理模式：生态文明建设的核心[N]. 新华日报，2014-06-24(B07).
[69] 侯凤兰，赵雪辉. 新疆煤炭开采主要生态环境问题及治理对策[J]. 环境与可持续发展，2015，40(4)：160-161.
[70] 宋蕾. 美国土地复垦基金对中国废弃矿山修复治理的启示[J]. 经济问题探索，2010(4)：87-90.
[71] 刘成. 湖北省矿山地质环境恢复治理基金管理制度初探[J]. 财会月刊，2019(S1)：29-31.
[72] 杨凌雁，李花华. 我国矿山环境治理恢复基金制度的构建[J]. 中国矿业，2018，27(12)：77-82.
[73] 覃春平，王玉秋. 企业矿山环境治理恢复基金会计业务处理的思考[J]. 财务与会计，2018(22)：44-46.

[74] 苏文清. 中国稀土产业经济分析与政策研究[M]. 北京：中国财政经济出版社，2009.
[75] 董君. 中国稀土定价权回归的政策效果及策略选择[J]. 经济论坛，2011(9)：120-126.
[76] 吴一丁，赖丹. 稀土资源税：现存问题与改革取向——来自南方稀土行业的调研[J]. 江西理工大学学报，2012，33(2)：25-29.
[77] 边俊杰，赖丹."稀土企业可持续发展风险准备金制度"释义——基于当前几种制度的辨析[J]. 有色金属科学与工程，2012，3(5)：96-100.
[78] 吕世红. 浅析稀土资源税费改革的几点建议[J]. 中小企业管理与科技（上旬刊），2012(3)：60-61.
[79] 刘亦晴，张建玲. 赣南稀土资源开发偿还"环境负债"的市场治理机制研究[J]. 稀土，2013，34(5)：99-102.
[80] 刘亦晴. 基于SWOT分析的废弃矿山环境治理PPP应用分析[J]. 中国矿业，2016，25(12)：48-53.
[81] 刘亦晴，许春冬. 废弃矿山环境治理PPP模式：背景、问题及应用[J]. 科技管理研究，2017，37(12)：240-246.
[82] 刘亦晴，梁雁茹，张建玲. 矿山废弃地治理PPP模式演化博弈分析[J]. 中国矿业，2019，28(2)：54-59，71.
[83] 刘亦晴，梁雁茹. 基于演化仿真分析的矿山废弃地治理PPP模式运行机理研究[J]. 中国矿业，2019，28(9)：59-66.
[84] 黄栋，匡立余. 利益相关者与城市生态环境的共同治理[J]. 中国行政管理，2006(8)：50-53.
[85] 任志宏，赵细康. 公共治理新模式与环境治理方式的创新[J]. 学术研究，2006(9).
[86] 朱香娥."三位一体"的环境治理模式探索——基于市场、公众、政府三方协作的视角[J]. 价值工程，2008(11)：9-11.
[87] FREEMAN C. Networks of Innovators: Synthesis of Research Issues[J]. Research Policy, 1991，20(5)：499-514.
[88] 刘尧飞，李茂荣. 地方政府在城市环境治理的策略选择——以汾河治理为例[J]. 中国市场，2009(49)：86-88.
[89] 肖扬伟. 政府治理理论：兴起的缘由、特征及其中国化路径选择[J]. 工会论坛（山东省工会管理干部学院学报），2008(5)：142-143.
[90] 陈潭，肖建华. 地方治理研究：西方经验与本土路径[J]. 中南大学学报（社会科学版），2010，16(1)：28-33.

[91] 洪富艳，宣琳琳. 我国重要生态功能区多元治理模式研究[J]. 绿色财会，2010(3)：11-15.

[92] 张敏. 协商治理：一个成长中的新公共治理范式[J]. 江海学刊，2012(5)：138-144.

[93] 曾正滋. 包容性增长的核心理念及其与生态公共治理的内在契合[J]. 甘肃理论学刊，2012(4)：110-114.

[94] 张力菠. 供应链环境下库存控制的系统动力学仿真研究[D]. 南京理工大学，2006.

[95] 冯萤雪，李桂文. 基于景观都市主义的矿业棕地规划设计理论探讨[J]. 城市规划学刊，2013(3)：97-102.

[96] 杨犇犇. 矿山废弃地生态修复技术与效应研究[D]. 华北水利水电学院，2012.

[97] AHMAD, N, ZHU Y, IBRAHIM M, et al. Development of a Standard Brownfield Definition, Guidelines, and Evaluation Index System for Brownfield Redevelopment in Developing Countries: The Case of Pakistan. Sustainability, 10(12), 4347. doi: 10.3390/su10124347.

[98] HAN Q, ZHU Y, KE G Y. Analyzing the financing dilemma of brownfield remediation in China by using GMCR. In: 2016 IEEE International Conference on Systems, Man, and Cybernetics (SMC). IEEE. pp. 002431-002435.

[99] CHRYSOCHOOU M, BROWN K, DAHAL G, et al. GIS and indexing scheme to screen brownfields for area-wide redevelopment planning. Landsc Urb Plan 105: 187-198. doi: 10.1016/j.landurbplan.2011.12.010.

[100] SARDINHA I D, CRAVEIRO D, MILHEIRAS S. A sustainability framework for redevelopment of rural brownfields: stakeholder participation at SA˜O DOMINGOS mine, Portugal. J Clean Prod, 2013, 57:200-208.doi:10.1016/j.jclepro.2013.05.042.

[101] SOLTANMOHAMMADI H, OSANLOO M, REZAEI B, et al. Achieving to Some Outranking Relationships between Post Mining Land Uses through Mined Land Suitability Analysis[J].International Journal of Environmental Science&Technology, 2008, 5(4):535-546.

[102] MARZENA B, JADWIGA K. Hybrid expert system aiding design of post-mining regions restoration[J]. Ecological Engineering, 2010(36): 1232-1241.

[103] 蒋正举，刘金平. “资源-资产-资本”视角下矿山废弃地价值实现路径研究[J]. 中国人口·资源与环境，2013(11)：159-165.

[104] Transformation of a derelict mine site into a sustainable community: the Britannia project[J]. Journal of Cleaner Production, 2006, 14(3-4):349-365.

[105] DAGENHART R, LEIGH N, SKACH J. Brownfields and urban design: Learning from Atlantic Station. WIT Trans. Ecol. Environ. 2006(94).
[106] 陈敏，张大超，朱清江等. 离子型稀土矿山废弃地生态修复研究进展[J]. 中国稀土学报，2017(4).
[107] 位振亚，罗仙平，梁健等. 南方稀土矿山废弃地生态修复技术进展[J]. 有色金属科学与工程，2018，v.9；No.48(4)：106-110.
[108] 顾和和，汪云甲. 塌陷及复垦土地产权关系与市场机制构建[J]. 中国矿业大学学报（社会科学版），2003(4)：89-92.
[109] 蒋正举. “资源-资产-资本”视角下矿山废弃地转化理论及其应用研究[D]. 北京：中国矿业大学，2014.
[110] 蒋正举，刘金平. 矿山废弃地资产化经营初探[J]. 中国煤炭，2011，37(7)：29-31+47.
[111] 刘向敏，林燕华，侯冰，等. 基于成果收益分配的矿山废弃地综合治理激励措施研究[J]. 中国矿业，2018，27(4)：96-101.
[112] NERI A C, DUPIN P, SÁNCHEZ L E. A pressure–state–response approach to cumulative impact assessment. Journal of Cleaner Production. 2016(126), 288-298.
[113] MALENOVIĆ N J, VASOVIĆ D, FILIPOVIĆ I, et al. Application of Project Management process on environmental management system improvement in miningenergy complexes. Energies. 9(12), 2016, 1071-1090.
[114] HE G, YU B H, et al. Comprehensive evaluation of ecological security in mining area based on PSR–ANP–GRAY. Environmental Technology, 39(23), 2018, 3013-3019.
[115] KE X L, FENG M, XIANG M. Fuzzy comprehensive evaluation in the evaluation of ecological security in coal mine areas. International Journal of Networking and Virtual Organisations, 18(1), 2018, 80-96.
[116] HAN Q, ZHU Y, KE G Y, et al. Public private partnership in brownfield remediation projects in China: Identification and structure analysis of risks[J]. Land Use Policy, 2019, 84:87-104.
[117] WHITMAN I. Brownfield redevelopment by the private sector: market driven decision making. Brownfield Sites III: Prevention, Assessment, Rehabilitation and Development of Brownfield Sites, vol. 2006(94). 11-21.
[118] GLUMAC B, HAN Q, SCHAEFER W. A negotiation decision model for public–private partnerships in brownfield redevelopment. Environ. Plan. B: Urban Anal. City Sci. 2018(45), 145-160.

[119] 杨彤. 矿山废弃地生态修复中 PPP 模式博弈框架[J]. 山西农业大学学报（社会科学版），2016，15(6)：437-441.
[120] 汪霄，李曼. 民间资本参与废弃矿山治理与开发的研究[J]. 矿业研究与开发，2013，33(5)：125-128.
[121] 江国华. PPP 模式中的公共利益保护[J]. 政法论丛，2018，187(6)：33-44.
[122] 丁琼. PPP 模式中地方政府的角色偏差及纠正[J]. 人民论坛，2018(22)：84-85.
[123] 赵晔. 我国 PPP 项目失败案例分析及风险防范[J]. 地方财政研究，2015(6)：52-56.
[124] 徐莉萍，李姣，张淑霞. 国外公众参与下环境治理社会综合成本布局及预算补偿[J]. 地方财政研究，2016(10)：98-104.
[125] 吴勇. 论公众参与 PPP 项目的制度激励[J]. 湖湘论坛，2018，31(1)：123-132.
[126] 杜唯平，张茂轩，聂登俊. 建立绩效导向的 PPP 项目监管机制研究[J]. 经济研究参考，2017(61)：59-64.
[127] GUASCH J L, STÉPHANE STRAUB. Renegotiation Of Infrastructure Concessions: AN OVERVIEW[J]. Annals of Public & Cooperative Economics, 2010, 77(4): 479-493.
[128]王俊豪，付金存. 公私合作制的本质特征与中国城市公用事业的政策选择[J]. 中国工业经济，2014(7)：96-108.
[129] 叶晓甦，石世英，刘李红. PPP 项目伙伴主体、合作环境与公共产品供给的关系研究——基于结构方程模型的分析[J]. 北京交通大学学报（社会科学版），2017，16(1)：45-54.
[130] 王晓楠. 公众环境治理参与行为的多层分析[J]. 北京理工大学学报（社会科学版），2018，20(5)：37-45.
[131] 陆如霞，王卓甫，丁继勇. 公众参与下环保 PPP 项目运营监管演化博弈分析[J]. 科技管理研究，2019，39(6)：184-191.
[132] 裴俊巍，曾志敏. 地方自主与中央主导：国外 PPP 监管模式研究[J]. 中国行政管理，2017(3).
[133] DUAN W, LI C, ZHANG P, et al. Game modeling and policy research on the system dynamics-based tripartite evolution for government environmental regulation[J]. Cluster Computing, 2016, 19(4):2061-2074.
[134] 张艳茹，陈通，汪勇杰. 公共文化 PPP 项目中承包商机会主义行为奖惩机制演化博弈[J]. 河北工业科技，2014，31(6)：469-473.
[135] 何雪锋，王秀霞. 演化博弈视角下 PPP 项目运营与政府监管的稳定性分析[J]. 财会月刊，2017(2)：17-22.

[136] GENELETTI D. Reasons and options for integrating ecosystem services in strategic environmental assessment of spatial planning. Int. J. Biodivers. Sci. Ecosyst. Serv. Manag. 2011(7), 143-149.

[137] ROSA J C S, SÁNCHEZ L E. Is the ecosystem service concept improving impact assessment? Evidence from recent international practice. Environ. Impact Assess. Rev. 2015(50), 134-142.

[138] HELMING K, DIEHL K, GENELETTI D, et al. Mainstreaming ecosystem services in European policy impact assessment. Environ. Impact Assess. Rev. 2013(40), 82-87.

[139] KUMAR P, ESEN S E, YASHIRO M. Linking ecosystem services to strategic environmental assessment in development policies. Environ. Impact Assess. Rev. 2013(40), 75-81.

[140] BARTELMUS P, STAHMER C, VAN TONGEREN J. Integrated environmental and economic accounting: framework for a SNA satellite system. Rev. Income Wealth 1993, 37 (2), 111-148.

[141] United Nations. Integrated Environmental and Economic Accounting, Interim Version. Department for Economic and Social Information and Policy Analysis，Statistical Division，United Nations，New York.

[142] United Nations. Statistical Division, European Commission, International Monetary Fund, Organization for Economic Co-operation and Development, World Bank，2003. Integrated Environmental and Economic Accounting 2003，Studies in Method，Handbooks of National Accounting ST/ESA/STAT/SERF/Rev.1.

[143] United Nations. European Commission，Food and Agriculture Organization，International Monetary Fund，Organization for Economic Co-operation and Development, and the World Bank，2014a. System of Environmental-Economic Accounting 2012. Central Framework. http://unstats.un.org/unsd/envaccounting/seeaRev/SEEA_CF_Final_en.pdf.

[144] United Nations. European Commission, Food and Agriculture Organization, Organization for Economic Co-operation and Development, and the World Bank, 2014b. System of Environmental-Economic Accounting 2012: Experimental Ecosystem Accounting—Final. http://unstats.un.org/unsd/envaccounting/seeaRev/eea_final_en.pdf.

[145] United Nations. Technical Recommendations in Support of the System of Environmental and Economic Accounting 2012—Experimental Ecosystem

Accounting. https://seea.un.org/sites/seea.un.org/files/technical_recommendations_in_support_of_the_seea_eea_final_white_cover.pdf.

[146] OBST C. Developing an International Classification for Ecosystem Services for Environmental Economic Accounting. Comment note issued for the Meeting on a Classification for Ecosystem Services held in New York on 20-21 June 2016. http://unstats.un.org/unsd/envaccounting/workshops/ES_Classification_2016/Ecosystem%20services%20classification%20Obst%20comments%20Jun2016.pdf.

[147] BANERJEE O, CICOWIEZ M, HORRIDGE M, et al. A conceptual framework for integrated economic-environmental modeling. J. Environ. Dev. 2016(25), 276-305. https://doi.org/10.1177/1070496516658753.

[148] OCHUODHO T O, ALAVALAPATI J R R. Integrating natural capital into system of national accounts for policy analysis: an application of a computable general equilibrium model. For. Policy Econ 1-7. https://doi.org/10.1016/j.forpol.2016.06.020.

[149] COSTANZA R, KUBISZEWSKI I, GIOVANNINI E, et al. Development: time to leave GDP behind. Nature. 2014(505), 283-285.

[150] TALBERTH J, BOHARA A K. Economic openness and green GDP. Ecol. Econ. 2016(58), 743-758.

[151] BARTLMUS P, SEIFERT E K. Green Accounting. Routledge, Abingdon-on-Thames. 2018.

[152] GARCIA D J, YOU F. Introducing green GDP as an objective to account for changes in global ecosystem services due to biofuel production. Computer Aided Chemical Engineering. 2017(40), 505-510.

[153] MALER K G, ANIYAR S, JANSSON A. Accounting for ecosystem services as a way to understand the requirements for sustainable development. Proc. Natl. Acad. Sci. 2008(105), 9501-9506.

[154] XU L, YU B, YUE W. A method of green GDP accounting based on eco-service and a case study of Wuyishan, China. Procedia Environmental Sciences. 2010(2), 1865-1872.

[155] VAGHEFI N, SIWAR C, AZIZ S. Green GDP and sustainable development in Malaysia. Curr. World Environ. 2015(10), 1-8.

[156] KUNANUNTAKIJ K, VARABUNTOONVIT V, VORAYOS N, et al. Thailand Green GDP assessment based on environmentally extended input-output model. J. Clean. Prod. 2017(167), 970-977.

[157] MARDONES C, DEL RIO. Correction of Chilean GDP for natural capital depreciation and environmental degradation caused by copper mining. Resour. Policy. 2019(60), 143-152.

[158] BACCHETTA M, JANSEN M. Making Globalization Socially Sustainable. International Labor Office, Geneve. 2012.

[159] XIE B C, DUAN N, WANG Y S, et al. Environmental efficiency and abatement cost of China's industrial sectors based on a three-stage data envelopment analysis. J. Clean. Prod. 2017(153), 626-636.

[160] WANG Z, JIA H, XU T, et al. Manufacturing industrial structure and pollutant emission: an empirical study of China. J. Clean. Prod. 2018(197), 462-471.

[161] NBS. China Statistical Yearbook 2018 (In Chinese). China Statistics Press, Beijing.

[162] LIU J, RAVEN P H. China's environmental challenges and implications for the world. Crit. Rev. Environ. Sci. Technol. 2010(40), 823-851.

[163] World Bank. CO2 Emissions. https://data.worldbank.org/indicator/EN.ATM.CO2E.KT?view¼chart. (Accessed 3 April 2019).

[164] CHINANEWS. Xi Attended the UN Leaders' Working Luncheon on Climate Change (in Chinese). http://www.chinanews.com/gn/2015/09-28/7547269.shtml. (Accessed 3 April 2019).

[165] DEN ELZEN M, FEKETE H, HOHNE, N, et al. Greenhouse gas emissions from current and enhanced policies of China until 2030: can emissions peak before 2030 Energy Policy. 2016(89), 224-236.

[166] ZHANG Z X. China is moving away the pattern of "develop first and then treat the pollution. Energy Policy 2007(35), 3547-3549.

[167] JASON N R, YING F C. The plight of green GDP in China. Consilience. 2010(3), 102-116.

[168] QIU J. China's green accounting system on shaky ground. Nature. 2007(448), 518-519.

[169] STEINHARDT H C, JIANG Y H. The politics of China's "green GDP". J. Curr. Chines Aff. 2007(36), 25-39.

[170] LI V, LANG G. China's "Green GDP" experiment and the struggle for ecological modernisation. J. Contemp. Asia. 2010(40), 44-62.

[171] WANG J N. Revive China's green GDP programme. Nature. 2016(534), 37.

[172] LU W M, LO S F. A closer look at the economic-environmental disparities for regional development in China. Eur. J. Oper. Res. 2007(183), 882-894.

[173] ZHANG H, HUANG M S, HU X H. Green GDP calculation of Fujian province based on energy analysis. Acta Geograph. Sin. 2010(65), 1421-1428 (in Chinese).

[174] WANG M X, MENG Q W, LI H Y. Green GDP accounting of Tianjin based on energy analysis. Ecol. Econ. 2011(2), 85-89 (in Chinese).

[175] GUO Y L, LEI M, LIU, X Q. Green GDP accounting research based on emergy analysis method: a case study of Shangluo city in Shaanxi province. J. Nat. Resour. 2015(30), 1523-1533 (in Chinese).

[176] DOU R Y, LIU X M, ZHANG Y. Study on the green GDP of Chinese resource based cities: a case study of Yulin city in Shaanxi province. J. Nat. Resour. 2016(36), 994-1003 (in Chinese).

[177] YING Z, GAO M, LIU J, et al. Green accounting for forest and green policies in China—a pilot national assessment. For Policy Econ. 2011(13), 513-519.

[178] LI Z L, LUO X F, ZHANG J B. Green economy growth of agriculture and its spatial convergence in China based on energy analytic approach. China Popul. Resour. Environ. 26, 150-157 (in Chinese).

[179] WANG X Q, SHENG W. Analysis of long-term balanced development of green GDP and coal production in regional coal industry. Coal Technol. 37, 359-362(in Chinese).

[180] ZHANG Jie, ZHU Yu-ming, HAN Qing-ye, et al. Combination Evaluation Based Private Partner Selection of PPP Mode for Brownfield Redevelopment Project[C]. 2018 International Conference on Management Science & Engineering (25th) August 17-20, 2018.

[181] 袁明霞. 城市轨道交通 PPP 融资模式的风险识别[J]. 现代经济信息，2015(10).

[182] 于本瑞，侯景新，张道政. PPP 模式的国内外实践及启示[J]. 现代管理科学，2014(8)：15-17.

[183] 舒绍福. 绿色发展的环境政策革新：国际镜鉴与启示[J]. 改革，265(3)：104-111.

[184] 彭皓玥. 公众权益与跨区域生态规制策略研究——相邻地方政府间的演化博弈行为分析[J]. 科技进步与对策，2016，33(7)：42-47,139.